AF558124

Bayerischer Landwirtschaftsverlag

JULIA NUMSSEN
CHRIS BALKE
Nachsuchen
wie die Profis
Erfolgreich auf der Schweißfährte

Was Sie in diesem Buch finden

Pflicht und Kür 6

Mit Erfolg nachsuchen 8

Die Profis 11

Die Einarbeitung des Welpen 17

Spezialisierung auf die Nachsuchenarbeit 29

Die Wundfährte 39

Nachsuchen auf Rehwild 49

Nachsuchen auf Schwarzwild 59

Abfangen und Fangschuss 73

Verletzungen beim Hund 83

Die Ausrüstung für das Gespann 93

Gesetze, Vorschriften und Vereinbarungen 111

Die Wildbretverwertung 119

Verantwortungsbewusst jagen 129

Anhang 138

Stichwortverzeichnis 138

Literaturhinweise 142

Pflicht und Kür

Jagen heißt Beute machen

Das Jäger- und-Sammler-Gen ist fest verankert in unserem Erbgut. Bei dem einen ist es verkümmert, den anderen treibt es immer wieder raus zur Jagd. Jagen heißt natürlich (!) auch Beute machen. Außerdem ist das Erlegen, das Töten von Wild, untrennbar mit der Gewinnung von Wildbret und der Regulierung der Wildbestände verbunden. Doch das Schießen will gelernt sein.

Gut gerüstet

Dazu gehört nicht nur das Bestehen der Jägerprüfung, sondern auch die bestmögliche Ausrüstung. Hochwertige Zieloptiken, Nachtsicht- und Wärmebildtechniken, Hochleistungswaffen, Schalldämpfer, wirkungsvolle Geschosse und eine immense Auswahl an Kalibern bilden schon einmal den Grundstock für den Jagderfolg. Apropos Kaliber: Bei einem Stück Rehwild mag die Kaliberfrage etwas zu vernachlässigen sein – im Gegensatz zu unserem Schwarz- oder Rotwild. Bei stärkerem Wild gilt ganz klar der Grundsatz: Auf einen groben Klotz gehört ein grober Keil – und damit ist ein leistungsfähiges Kaliber mit entsprechendem Geschossdurchmesser gemeint. Doch die Leistung starker Mittel- oder Magnumpatronen macht sich bei manchem Schützen mit unangenehmen Rückstoß in der Schulter bemerkbar. Wie gut, dass jetzt Schalldämpfer erlaubt sind, die nicht nur den Rückstoß mindern, sondern gleichzeitig die Ohren schützen. Das macht das Treffen einfacher. Trotzdem sollte man weiter regelmäßig üben – das gilt auch für die jagdarme Zeit.

Lochschaft, Schalldämpfer und Zweibeinschießstock machen das Treffen einfacher. Trotzdem muss man regelmäßig auf dem Schießstand üben.

Eigene Grenzen erfahren

Denn eines steht im Vordergrund: das verantwortungsbewusste Jagen. Das Anschießen der Waffe spätestens Mitte April vor Aufgang der Bock- und Schmalrehjagd sollte längst zur Gewohnheit geworden sein, genau wie der Abstecher ins Schießkino – und das nicht erst vor Beginn der Drückjagdsaison. Noch mehr Sicherheit im Umgang mit der Waffe erlangen, ein fließender Anschlag, noch besser treffen – das gibt Selbstbewusstsein. Und nebenbei erfährt man, wo die eigenen Grenzen liegen. Lieber eine krankgeschossene Sau auf der Leinwand als später auf der Jagd.

Dass dies trotz allen Übens bei der Kür, also auf der Jagd, immer noch passieren kann, wissen wir alle – oder kennen Sie einen Jäger der noch nie ein Stück Wild krankgeschossen hat? Dabei gilt die Bewegungsjagd nicht umsonst als die »Königin« der Jagdarten und der Schuss auf bewegtes Wild als der schwierigste von allen. Geht die Kugel vorbei, gilt der Satz: Lieber gefehlt, als krank. Wird man aber am Anschuss fündig, stößt auf Pirschzeichen und der Frischling liegt doch nicht, dann hat man als veranwortungsbewusster Jäger wenigstens die beste Ausrüstung gewählt, sich akribisch vorbereitet und entsprechend trainiert – und jetzt kommen sie zum Einsatz ...

... die Nachsuchenprofis

Diese Erfahrung machte ich anlässlich einer Drückjagd im Lauenburgischen. Ich hatte einen Überläufer beschossen, am Anschuss: nichts. Nachsuchenprofi Chris Balke rückte mit seinem Hannoverschen Schweißhund Pius und dem Loshund Gauner, einem Deutsch-Drahthaar, an. Pius bewindete die Stelle. Chris ließ den Schweißhund vorsuchen, kurz darauf verwies Pius den »echten« Anschuss – ich hatte mich um ein paar Meter vertan. Am Ende fanden die Profis den Schwarzkittel längst verendet etwa 150 Meter vom Anschuss entfernt

Drückjagd im brandenburgischen Liebenberg: Der flott anwechselnde Frischling lag im Knall der 9,3 x 62. Das regelmäßige Üben hat sich gelohnt.

in der Dickung liegen. In der Hektik eines Drückjagdtages hätte man diesen Schuss vielleicht als »Fahrkarte« abgehakt. Das Vertrauen auf die eigenen Schießkünste ist gut, die Kontrolle aber besser!

Seitdem habe ich als Nachsuchen-Helfer mit Chris, Pius und Gauner einige Nachsuchen gemeistert – und dabei beobachtet, wie viele Fehler wir Jäger machen, indem wir auf dem Anschuss herumtrampeln, zu rasch nachsetzen, ungeeignete Hunde arbeiten lassen etc. Diese Unwissenheit, ja, Unprofessionalität badet dann das Wild aus – dabei haben Waidgerechtigkeit und Tierschutz doch oberste Priorität! Aus diesem Grunde kann das Thema Nachsuche gar nicht oft genug gewürdigt werden – ob man nun selber mit seinem Hund nachsuchen möchte oder einfach »nur« auf Jagd geht. Daher wünsche ich diesem Leitfaden den Erfolg, den er verdient!

Sascha Numßen, Redaktion PIRSCH

Mit Erfolg nachsuchen

Nachtjagd nimmt zu

Wärmebild- und Nachtsichttechnik sorgen inzwischen dafür, dass es den Jäger unabhängig vom Mondlicht ins Revier zieht. Das bedeutet für uns Schweißhundführer: Es kommt nicht mehr geballt zu Nachsuchen rund um die Vollmondphasen. Außerdem arbeitet der Jäger seine Nachsuchen meist schon vor Ort selber ab – mit Hilfe seines Wärmebildgeräts. Denn damit lässt sich die Flucht des beschossenen Stücks gut verfolgen. Oft sieht der Schütze es zusammenbrechen. Falls nicht, weil es in einer Senke verschwunden ist, geht der Jäger selbst die Fährte aus. Die noch warmen Schweißtropfen, die das Wärmebildgerät zeigt, helfen dabei, den Anschuss zu finden und die Wundfährte zu verfolgen. Dafür braucht man keinen Hund mehr! Zu Totsuchen wird das Nachsuchengespann daher noch seltener gerufen als früher.

Es bleiben die schwierigen Suchen

Was für das Nachsuchenführer-Gespann übrig bleibt, sind Kontrollsuchen, Gebrech-, Lauf- und Krellschüsse. Dazu kommen Wildbretttreffer, Streifschüsse vorne am Brustkern oder hinten an den Keulen. Oder die Suchen, bei denen der Jäger das Stück per Wärmebildgerät entdeckt und aus seinem Wundkessel oder Wundbett aufgemüdet hat. Dabei handelt es sich meist um Leber- oder Weidewundtreffer. Es bleiben also »nur« die extrem schwierigen Suchen für uns Schweißhundführer übrig. Das macht das Einarbeiten eines jungen, unerfahrenen Hundes schwierig. Es fehlen die einfachen Suchen, die Erfolgserlebnisse, die der junge Hund so nötig braucht, damit aus ihm mal ein »Professor« wird.

Wärmebildgerät ersetzt Hund

Das Verhalten der Jäger nach dem Schuss, das Hinterherstolpern mit dem Wärmebildgerät in der Hand, macht das Ganze also nicht einfacher. Die Regel: »Ich bin mir nicht sicher, ob das Stück liegt. Also lass ich es in Ruhe und rufe einen Schweißhundführer!«, gerät immer mehr in Vergessenheit. Das gestaltet Ihre Nachsuche natürlich sehr viel schwieriger, als wenn von Anfang an Ruhe gehalten und dem angeschweißten Stück Wild mindestens vier Stunden Zeit gegeben wurde, im ersten Wundfieber zu verenden – sofern das Geschoss so wirken konnte, dass das Stück verblutet.

Nachsuchenarbeit vom Feinsten: Suchen, finden, stellen – solche Augenblicke lassen all die Mühen und Strapazen vergessen.

Allein unser jagdlicher Anstand sowie die Waidgerechtigkeit und der Tierschutz gebieten es uns, das kranke Stück Wild nachzusuchen, möglichst schnell zu finden und es von seinem Leiden zu erlösen, sofern es noch nicht verendet ist.

Ein Profi: Dieser Hannoversche Schweißhund hat über 1500 Nachsuchen hinter sich.

Die Arbeit auf der Wundfährte ist anspruchsvoll

Dabei muss Ihnen klar sein: Damit Sie diese Anforderungen meistern können, müssen Sie viel an sich und Ihrem Hund arbeiten. Eine Nachsuche mit einem unfähigem Gespann hat nichts mit Tierschutz und Waidgerechtigkeit zu tun, sondern ist in unseren Augen Tierquälerei. Die Arbeit auf der Wundfährte macht man nicht mal eben so nebenbei oder weil es gerade in Mode gekommen ist – nein, die Arbeit auf der Wundfährte verlangt dem Hund und Ihnen alles ab!

Auf den gemeinsamen Erfolg kommt es an

Üben, üben, üben, und das nicht nur mit Ihrem Hund – auch Sie müssen permanent Ihre Schießfertigkeiten und Fitness unter Beweis stellen, müssen lernen, Situationen einzuschätzen, und genau im richtigen Augenblick das Stück Wild abzufangen oder den Fangschuss anzutragen.

Das Zusammenspiel zwischen Führer und Hund macht das Nachsuchen trotz aller Schwierigkeiten zu einem Ausnahmeerlebnis in der Jagdpraxis, vor allem dann, wenn man die Arbeit erfolgreich abschließen kann. Damit Ihnen und Ihrem Hund dies in Zukunft möglichst häufig gelingt – ob nun im eigenen Revier für den eigenen Nutzen oder in fremden Revieren für andere – haben wir unsere Erfahrungen in diesen Leitfaden einfließen lassen.

Julia Numßen und Chris Balke

Das Team: Chris Balke und Julia Numßen mit dem Bayerischen Gebirgsschweißhund Falco Zimny Trop.

Teresa Michalewski mit Bernd Zürcher
und dem Hannoverschen Schweißhund Lailaps.

Friedrich Fülscher mit seinem Quartett, den Schweißhunden Betina, Lailaps, Cyrus und Ludwig.

Christian Dohr führt zwei Bayerische Gebirgsschweißhunde, Ulme und Birke.

Der Leiter der Schweißhundstation Chris Balke mit seinen Hunden Falco, Killer und Aika.

Die Profis

Zur Schweißhundstation Schaalsee gehören mehrere Gespanne. Chris Balke leitet die Station seit 1996. Was ist das Erfolgsrezept? Wie oft im Jahr rücken die Gespanne aus? Und vor allem: Wie finanziert sich die Station? Hier sind die Zahlen und Fakten.

Die Schweißhundstation mit Tradition

Bereits im Jahre 1957 gründet die Kreisgruppe Herzogtum Lauenburg im Landesjagdverband Schleswig-Holstein die Schweißhundstation. Und ist damals ihrer Zeit weit voraus. Mit der Schweißhundstation setzt die Jägerschaft zwei wichtige Signale, erstens: Der Tierschutz und die Waidgerechtigkeit haben Priorität. Zweitens: Gefundenes Wild verludert nicht, sondern kann – selbstverständlich mit Einschränkungen – noch genutzt werden, Stichwort Wildbretverwertung.

Geprägt wird die Schweißhundstation in den Anfängen vor allem durch den Rüdemeister Herbert Bansen, der sicher vielen älteren Lesern noch ein Begriff ist, und Forstamtmann Horst Völzke. Nach Öffnung der Grenze 1989/1990 und dem neu hinzugekommenen Bundesland Mecklenburg-Vorpommern vergrößert sich das Einzugsgebiet für die Schweißhundstation. Der Kreis Herzogtum Lauenburg und Westmecklenburg sind bekannt für ihre wildreichen Reviere. Hier gibt es nicht nur Rehwild, sondern auch Schwarz-, Dam- und Rotwild, teilweise auch Sika- und Muffelwild. Seit 1996 leitet der Thüringer Berufsjäger Chris Balke bis heute die Schweißhundstation Schaalsee, deren Zentrale in Grambek, in der Nähe von Mölln liegt.

Mitgetragen durch den Förderverein

Im Jahr 1997 wird der Förderverein für die Schweißhundstation ins Leben gerufen, der die Station, neben der Kreisjägerschaft, finanziell unterstützt. Pro Jahr investiert der Förderverein mindestens 30.000 Euro in Fahrzeuge, Hunde, Ausrüstung etc. Seit seiner Gründung können außerdem gegen Gebühr alle Revierinhaber des Kreises und der Nachbarregionen Mitglied werden. Ein wichtiger und großzügiger Unterstützer ist außerdem seit Jahren die Stiftung »Wild und Wald«, die in Mecklenburg-Vorpommern sitzt. Seit April 2014 liegt die Finanzierung der Schweißhundstation ausschließlich in den Händen des Fördervereins.

Die Mitgliedsgebühren staffeln sich wie folgt:

- Revierinhaber: 0,50 Euro pro Hektar
- Jäger: Mindestbeitrag 50 Euro
- Vereine, Aktiengesellschaften, Unternehmen etc.: Mindestbeitrag 100 Euro
- Privatpersonen: beliebiger Beitrag

Fördermitglieder genießen Vorteile in Form von Vergünstigungen: Muss beispielsweise im Revier eines Förder-

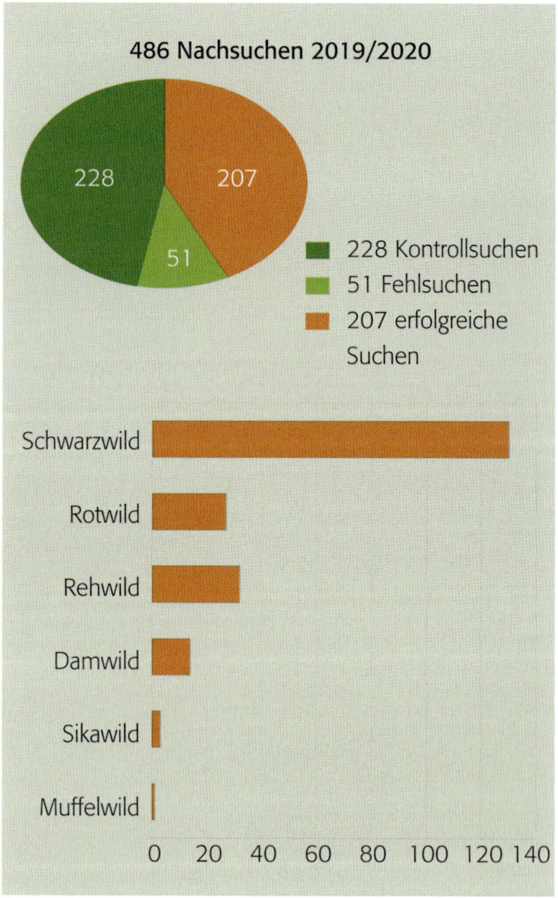

Von den 207 erfolgreichen Suchen nimmt das Schwarzwild den Hauptteil an: Sauen 130, Rotwild 27, Rehwild 32 und Damwild 14, Sikawild 3 und Muffelwild 1.

mitgliedes nachgesucht werden, rücken die Profis der Schweißhundstation Schaalsee ohne Berechnung der Kilometerpauschale für die An- und Abfahrt an. Derzeit liegt sie bei 0,40 Cent pro Kilometer.
Einmal im Jahr findet die Hauptversammlung statt – für viele Mitglieder ein Highlight. Dabei stehen die Jahresberichte des Vorstands und des Leiters der Schweißhundstation Chris Balke auf der Agenda. Außerdem gibt es informative und unterhaltsame Vorträge von Berufsjägern wie Max Hunt, Kai-Uwe Denker und Rainer Jösch. Auch der bayerische Jagdbuchautor Konrad Esterl war schon zu Gast im hohen Norden. 2020 zeigte der Wildfotograf Michael Stadtfeld eindrucksvolle Fotos rund um Drückjagden- und Nachsuchen.

Einziger hauptberuflicher Schweißhundführer Deutschlands

Für Chris Balke hat 2014 nur der Arbeitgeber gewechselt – er ist seither nicht mehr bei der Kreisjägerschaft, sondern bei dem Förderverein der Schweißhundstation Schaalsee angestellt. Er ist nach wie vor der einzige hauptberufliche Schweißhundführer Deutschlands. Bisher hat er rund 15.000 Nachsuchen durchgeführt, Stand Januar 2022.

Über die Nachsuchenstatistik wird von ihm genauestens Buch geführt. Zirka 50 Prozent der Suchen werden auf dem Einzelansitz oder der Pirsch und 50 Prozent während der Mais- beziehungsweise Drückjagd produziert.
Im Jagdjahr 2019/2020 gab es insgesamt 486 Nachsuchen. Davon waren 228 Nachsuchen Kontrollsuchen – hier meinte der Schütze, getroffen zu haben. Bei der anschließenden Suche durch die Profis zeigte sich, dass das Stück mit Sicherheit gefehlt wurde. 228 Kontrollsuchen ist eine rechte hohe Zahl, aber bei der Schweißhundstation lautet die Devise: Jeder Kugelschuss muss kontrolliert werden – das erklärt den verstärkten Einsatz.
Ein sehr geringer Prozentsatz, er liegt zwischen sieben bis zwölf Prozent im Jahr, macht die Fehlsuchen aus. Bei

Experten: Ruhe, Duchhaltevermögen, Ausdauer, der Wille, zum Stück zu kommen, und die Nasenleistung zeichnen die Hannoverschen Schweißhunde für die Arbeit auf der Wundfährte aus.

Zentrale Schaltstelle: Die Schweißhundstation Schaalsee in Grambek bei Mölln.

den Fehlsuchen handelt es sich meistens um Wildbret-Streifschüsse. Das Stück war nicht zu bekommen und das Gespann musste ohne Ergebnis abbrechen.
Die restlichen 207 Nachsuchen waren erfolgreich.
Das Gespann fand das verendete Stück oder musste es erlösen.

Dirk Hollmann ist seit 2021 erster Vorsitzender des Fördervereins Schweißhundstation Schaalsee.

Nachsuchen-Gebühr

Die geleistete Nachsuche wird übrigens direkt vom Nachsuchenführer berechnet. Eine von der Schweißhundstation durchgeführte, erfolgreiche Nachsuche auf ein unter 50 Kilogramm schweres Stück Schwarzwild (aufgebrochen) kostet 25 Euro, der gleiche Betrag wird bei einem Stück Rehwild fällig. Bei Sauen über 50 Kilogramm werden 40 Euro in Rechnung gestellt. Eine Kontroll- und/oder Fehlsuche kostet 15 Euro.
Es ist übrigens allen Nachsuchenführern dieser Schweißhundstation erlaubt, revierrübergreifend ihre Arbeit auf der Wundfährte fortzusetzen. Für sie gelten also keine Revier- oder Bundesländergrenzen. Der Tierschutz hat hier eindeutig Vorfahrt.

Löwenanteil beim Schwarzwild

Die Profis der Schweißhundstation haben ganzjährig alle Hände voll zu tun, denn Schwarzwild wird immer bejagt. Die vergangenen Winter haben viel Schnee gebracht. Die Bejagung war deshalb – nicht nur bei Mond – bis Februar und teilweise noch in den März hinein möglich. Außerdem sorgt die neue Wärmebild- und Nachtsichttechnik dafür, dass es die Jäger immer mehr ins Revier zieht – unabhängig vom Mond. Der Großteil der Nachsuchen liegt beim Schwarzwild, gefolgt vom Rehwild. Die Nachsuchen auf diese beiden Wildarten stehen in diesem Buch im Vordergrund. Dam- und Rotwild wurde außen vorgelassen, weil diese beiden Wildarten in unseren deutschen Revieren nicht allzu häufig vorkommen. Selbstverständlich ist die Vorgehensweise der Nachsuche bei diesen beiden Schalenwildarten ähnlich wie bei Reh oder Sau, allerdings sollten Brunft, Schusshärte und territoriales Verhalten berücksichtigt werden.

Im Herbst sind die Profis der Schweißhundstation Schaalsee ständig unterwegs. Besonders am Wochenende häufen sich die Drückjagdtermine, und es müssen mehrere Gespanne gleichzeitig ausrücken.

Die Nachfrage steigt

Die Profis der Schweißhundstation werden immer häufiger zu Nachsuchen gerufen. Zum Vergleich: Im Jagdjahr 1990/91 gab es insgesamt nur 248 Nachsuchen. Fast 30 Jahre später weist die Statistik 486 Einsätze auf. Die Nachfrage ist also gestiegen. Das liegt sicher mit daran, dass das Gebiet der Station nach der Öffnung der Grenze größer geworden ist und inzwischen auch ins benachbarte Bundesland Mecklenburg-Vorpommern reicht.
Zum anderen rückt die konsequente Wildbewirtschaftung immer stärker in den Vordergrund. Der Druck auf das Schalenwild wächst ständig.
Weiterer, entscheidender Faktor: Vor allem die Sauen finden einen reich gedeckten Tisch in dieser Region vor. Besonders die Getreide-, Raps-, Mais- und Zuckerrübenschläge laden dazu ein, sich zu bedienen, selbst dann, wenn die Kirrungen beschickt sind. Dank zunehmendem Interesse der Bauern an Biogasanlagen ist es kein Wunder, dass sich das Schwarzwild im wahrsten Sinne des Wortes sauwohl fühlt. Die steigende Reproduktionsrate des Schwarzwildes ist – auch aufgrund der Veränderungen in der Landwirtschaft – in unserem nördlichsten Bundesland offensichtlich.

HINWEIS

Als Schweißhund sind ausschließlich die Rassen Hannoverscher Schweißhund, Bayerischer Gebirgsschweißhund und Alpenländische Dachsbracke anzusehen. Nicht jeder auf der Wundfährte eingesetzte Jagdgebrauchshund ist ein Schweißhund.

Die Hunde stellen den kranken Frischling und Chris ist schussbereit.

Die Einarbeitung des Welpen

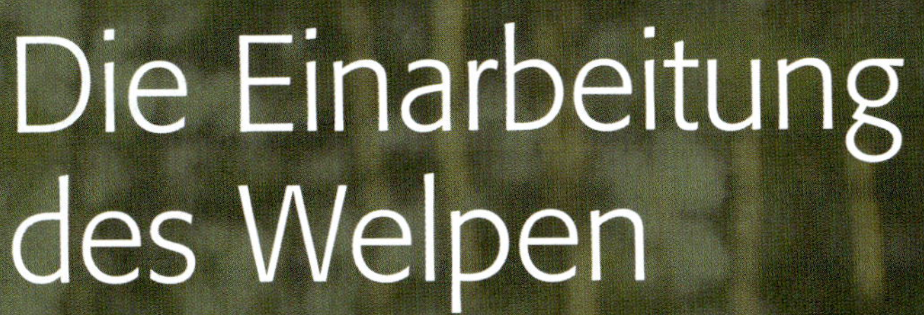

Inzwischen hat Chris Balke 80 Jagdhunde ausgebildet, vom Terrier über Deutsch-Drahthaar bis zum Hannoverschen Schweißhund. Der Hannoversche Schweißhundwelpe »Benedikt vom Marienbrunn« ist der 15. Hund, den der Thüringer ausschließlich auf Schweiß führt. Passion, Nasenleistung und der Wille, zum Stück zu finden, sollten von Beginn an gefördert werden, unabhängig von der Rasse. Wie das klappt und was Sie beim Welpenkauf unbedingt beachten sollten, hat er hier zusammengefasst.

Finger weg von Welpen aus der Schwarzzucht

Es gibt Gründe dafür, dass die eine oder andere Linie »aussortiert« wurde, weil Hündin oder Rüde den Rassestandards nicht entsprachen. Liebäugeln Sie mit einem BGS* oder HS* ist es schwierig, an einen Welpen aus der jagdlichen Leistungszucht zu kommen. Es gibt jedoch andere Rassen aus dem Jagdgebrauchshundeverband, die hervorragend am Schweißriemen arbeiten. Sicher gibt es auch Hunde ohne Papiere, die ihre Leistung bringen – beachten Sie dabei, dass Hunde ohne Ahnentafel an den Verbandsprüfungen nicht teilnehmen können. Die sind aber oft Bedingung dafür, dass Sie und Ihr Hund als Nachsuchengespann anerkannt werden.

Schwerpunkte setzen

Der Welpe, den Sie sich ausgesucht haben, soll ausschließlich auf die Nachsuchenarbeit vorbereitet werden und scheidet damit grundsätzlich als Stöberhund aus. Unabhängig davon, für welche Jagdhundrasse Sie sich entschieden haben, gilt es jetzt zu überlegen, ob der Hund bei der Arbeit auf der Wundfährte tatsächlich auf sich allein gestellt bleiben soll oder ob nicht doch noch ein Adjudant fürs »Grobe« erforderlich ist. Haben Sie sich beispielsweise für einen Teckel als Nachsuchenhund entschieden, müsste ein zweiter, hochläufiger Hund zur Stelle sein, der bei schwierigen Fällen, wie beispielsweise Lauf- oder Gebrechschuss, geschnallt und das kranke Stück Wild halten beziehungsweise herunterziehen kann.

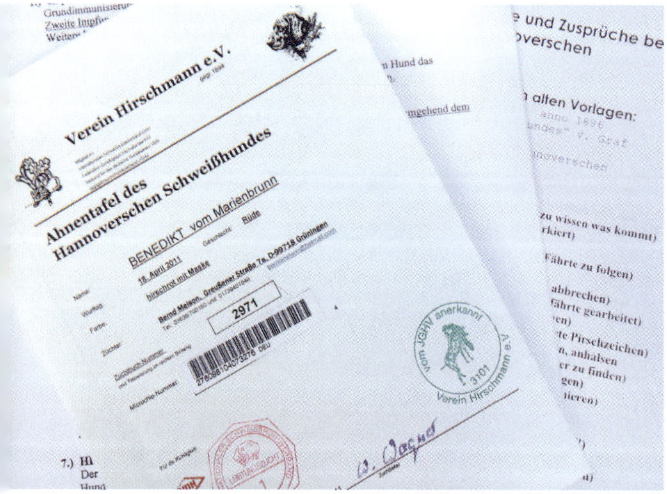

Sie müssen sich als Hundeführer also im Klaren darüber sein, wie »professionell« Sie die Nachsuchenarbeit tatsächlich ausüben wollen. Ist sie nur für eigene Zwecke und ausschließlich auf Totsuchen begrenzt, reicht ein gut ausgebildeter Nachsuchenhund aus, egal ob er nieder- oder hochläufig ist. Wollen Sie und Ihr Hund aber mehr leisten, ist es ratsam, einen zweiten, wildscharfen Loshund (Beihund) zu führen, allein um den Nachsuchenarbeiter nicht zu stark im Nahkampf mit wehrhaftem Wild zu gefährden.

Papiere des JGHV sollte der Züchter Ihres Welpen auf jeden Fall vorzeigen können.

Die Eingewöhnung leicht machen

Zurück zu Ihrem Nachsuchen-Welpen. Lassen Sie Ihrem Schützling Zeit, sich auf seine neue Umgebung einzustellen. Besitzen Sie bereits ältere Hunde, sollten Sie den Welpen bei den ersten Zusammentreffen nicht aus den Augen lassen. Kommt es gar zu Streitereien, müssen Sie unbedingt eingreifen und Ihren Welpen schützen. Die meisten Eifersüchteleien geben sich nach ein paar Tagen. Achten Sie darauf, dass der Welpe dreimal am Tag zu Fressen bekommt und dabei nicht von anderen Artgenossen gestört wird. Die Futterrationen sollten immer gleich portioniert sein und regelmäßig zu festen Zeiten gegeben werden.

---

* BGS Abkürzung für Bayerischer Gebirgsschweißhund
HS Abkürzung für Hannoverscher Schweißhund

Gemeinsame Ausflüge schaffen Bindung

Sofern der Züchter Ihren Welpen noch nicht an Halsung und Leine gewöhnt hat, sollten Sie dem schnell nachkommen. Streifen Sie ihm das Halsband über und unternehmen Sie etwas mit Ihrem Azubi, damit er abgelenkt ist und die Halsung darüber hinaus nicht weiter beachtet.

Bei den ersten kurzen Ausflügen sollten Sie den Hund abwechselnd an der Leine oder frei laufen lassen. Wichtig: Bei Ihren Unternehmungen sollte Ihr Schützling auf Sie achten und Sie ständig im Auge behalten, nicht umgekehrt. Deshalb nicht unentwegt nach Ihrem kleinen Gefährten rufen und seine Aufmerksamkeit erregen wollen, nein, er ist derjenige, der nach Ihnen schauen muss. Loben Sie ihn, wenn er Ihre Nähe sucht und genau aufpasst, wo Sie hinmarschieren – um das zu fördern, dürfen Sie sich dann auch gern in seinem Umfeld, ohne dass er panisch wird, ab und zu verstecken und beobachten, wie der Hund Sie sucht. Von Vorteil ist es, wenn der Hund keinen Wind von Ihnen bekommt. Je nach Rasse, beginnt er früher oder später bereits bei diesen Suchen seine Nase einzusetzen und Ihre Spur auszuarbeiten. Findet er Sie, ist die Freude natürlich auf beiden Seiten groß und der Welpe wird mit einem Leckerchen belohnt.

Der Hund lernt bereits in dieser Phase, sich auf Ihrer Spur zu orientieren – doch dazu in diesem Kapitel später mehr.

Ruhezone schaffen

Solche gemeinsamen Ausflüge mit dem Welpen, wie auch das Herumtollen mit anderen Hunden etc., sollten immer dann stattfinden, wenn der Azubi sich nicht gerade vollgeludert hat. Großgebaute Hunde mit einem starken Brustkorb, die dazu noch genetisch zur Magendrehung neigen, können durch plötzliche Bewegungen, wie Hochspringen, hier sonst in Not kommen, deshalb Vorsicht!

Wieder im Haus angekommen, bekommt der Hund, sofern Fressenszeit ist, seine Portion serviert und sollte anschließend noch einmal zum Lösen hinausgelassen werden. Dann sollte er sich an »seinem« Platz im Haus ausruhen dürfen, im Hundekörbchen oder in der Hundebox. Diese Ruhezone wird er gerne annehmen,

Bei diesem Zusammentreffen zwischen Alt und Jung muss man sich keine Sorgen machen. Gelassen erträgt der Alte die Keckheit des Welpen.

Anschluss halten und Herrchen folgen, der junge HS läuft »in der Spur«.

Und wenn es dann etwas dornig wird – Augen zu und durch.

weil er ganz einfach von den Unternehmungen erledigt ist. Insofern ist es taktisch gesehen klug, vorher mit ihm aktiv gewesen zu sein, weil er sich umso lieber zu einer Siesta zurückziehen wird. Gibt es Kinder im Haus, halten sie sich entsprechend zurück, wenn der Hund »seinen« Platz aufgesucht hat. Nicht vergessen, der Welpe braucht in dieser Phase noch viel Schlaf und muss das frisch Erlebte in Ruhe verarbeiten dürfen, gönnen Sie ihm seine Auszeit.

Zwischendurch in anspruchsvolleres Gelände

Die täglichen Ausflüge mit Ihrem Schützling sollten Sie, abhängig von Alter und der Fitness Ihres Welpen, mit der Zeit entsprechend ausweiten. Marschieren Sie mit ihm auch mal abseits des Weges durchs lichte Unterholz, schauen Sie, ob er weiter Kontakt hält und sich an Ihnen orientiert. Bleibt er an Ihnen dran, steuern Sie dann auch schon das eine oder andere Mal einen schmalen Brennnessel- oder dichten Gestrüppstreifen an. Ehrensache, dass Sie Ihren Schützling hierbei nicht überfordern, doch der Welpe sollte schon mal Bekanntschaft mit Dickicht, Dornen und Stacheln machen und lernen, dass es sich lohnt, sich durchzukämpfen. Hat er die ein, zwei Meter durch kniehohes, dichtes Gestrüpp an Ihrer Seite zurückgelegt, freuen Sie sich mit ihm und loben ihn deshalb mit einem Leckerchen. Es gibt genügend Hunde, die später auf der Nachsuche vor einem Dornenverhau einfach Halt machen – aber genau an solche Stellen schiebt sich krankes Wild nun einmal gern ein. Da müssen auch Sie als Nachsuchenführer dann durch.

Nase auf den Boden

Die Nasenleistung des angehenden Nachsuchenhundes sollte man unbedingt von Welpenbeinen an fördern, verlieren Sie auf Ihren Ausflügen deshalb ruhig mal das eine oder andere Leckerchen und bücken sich dann herunter. Der Welpe, der inzwischen gelernt hat, Sie im Auge zu behalten, wird gleich herangesprungen kommen. Helfen Sie ihm dabei, die Leckerchen zu finden und zeigen Sie ruhig mit dem Finger darauf. Sie werden sehen, der Hund wird Sie zukünftig noch besser beobachten, da reicht dann schon das In-die-Hocke-gehen, um das Heraneilen Ihres kleinen Gefährten auszulösen. Und er begreift, dass es sich lohnt, die Nase einzusetzen.

Schleppen ziehen

Eine weitere Möglichkeit, die Nase zu sensibilisieren, gelingt Ihnen mit Hilfe der Futterschleppe. Ziehen Sie beispielsweise ein Stück ungewaschenen Wildpansen durch übersichtliches Gelände, anfangs ist eine nicht zu hoch stehende Wiese ideal. Die ersten Schleppen sollten dabei nicht allzu lang gezogen sein und nicht zu lange »stehen«, schließlich soll der Azubi ersteinmal begreifen, worum es überhaupt geht und schnell zum

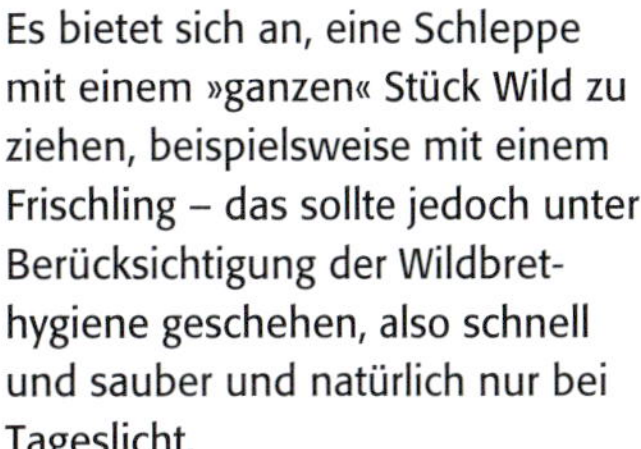

Es bietet sich an, eine Schleppe mit einem »ganzen« Stück Wild zu ziehen, beispielsweise mit einem Frischling – das sollte jedoch unter Berücksichtigung der Wildbrethygiene geschehen, also schnell und sauber und natürlich nur bei Tageslicht.

1 Der Anfang der Schleppe wird mit einem Kiefernzweig gekennzeichnet.

2 Ein Helfer zieht den Frischling rund 20 Meter weit in die Wiese und richtet ihn etwas auf.

3 Der Nachsuchenführer geht mit dem Welpen zum Anfang der Schleppe.

4 Er hilft dem Azubi, sich auf die Wittrung zu konzentrieren, zeigt ihm den Weg.

5 Gemeinsam geht es auf der Schleppe weiter, der Hundeführer unterstützt den Welpen bei seiner Arbeit.

6 Am Frischling angekommen, nähert sich das Gespann.

7 Es ist kein Problem, wenn der Welpe noch Schutz beim Hundeführer sucht.

8 Der Helfer zieht den Frischling zum Abschluss in flacheren Bewuchs, schon ist der Welpe mutiger und »verfolgt« die Beute.

Erfolg kommen. Daher reicht es zu Beginn, die Schleppe rund 20 Meter durch das Gras zu ziehen, ohne Haken. Am Ende der Schleppe lässt man den Pansen liegen.

Setzen Sie den Welpen dann zügig so an, dass er nicht gleich Wind von der Sache bekommt, sondern sich Schritt für Schritt auf der Duftspur vorwärtsarbeiten muss, der Wind ihm die Beutewittrung also nicht in die Nase weht.

Weiß er nicht genau, was zu tun ist, unterstützen Sie ihn und helfen ihm, zeigen auf die Futterschleppe. Neigt Ihr Welpe dazu, sich von dem Riemen noch zu stark ablenken zu lassen und damit beispielsweise zu spielen, können Sie ihn gern bei seinen ersten Schleppen frei arbeiten lassen – bis er verknüpft hat, worauf es bei dieser Arbeit tatsächlich ankommt und er sich später nicht mehr an der Leine stört. Hat der Hund keine Probleme mit Halsung und Riemen, umso besser, schließlich wird er als zukünftiger Nachsuchenarbeiter eh 90 Prozent seiner Arbeit am Riemen absolvieren, denn Schweißarbeit ist nun einmal Riemenarbeit. Am Pansen angekommen, darf er ihn zur Belohnung fressen oder man gibt ihm ein paar Leckerchen aus der Hosentasche.

Der Welpe wird auf die Ladefläche gehoben. Das schont die noch empfindlichen Knochen und Gelenke.

Belohnung für die beendete Arbeit ist das A & O

Es wird in der Fachliteratur häufig empfohlen, den Hund am Ende der Schleppe zum Apport aufzufordern und mit der Beute zum Ausgangspunkt zurückzukehren und dort die gefundene Beute gegen ein paar Leckerchen zu tauschen. In der Praxis ist das für mich und den Nachsuchenhund nicht umzusetzen, ich kann schließlich nach einer kilometerlangen Suche schlecht den Hund einen Überläufer apportieren lassen oder die Sau zurück zum Anschuss ziehen. Und da ich hier keinen Bringselverweiser ausbilde und in den meisten Fällen bis zum Ende der Suche den Hund sowieso am Riemen habe, ist das in meinen Augen für den Nachsuchenhund kein unbedingtes »Muss«. Sobald die Suche beendet ist, ob nun erfolgreich oder erfolglos, geht man gemeinsam einen anderen, meist kürzeren Weg direkt zum Auto zurück, als man gekommen ist.

REHWILD IST TABU

Ihr Welpe sollte in dieser Phase keinesfalls mit Rehwild in Kontakt kommen. Möchten Sie Ihren Hund später auf der Schweißprüfung führen, ist dann die Gefahr groß, dass er eine Rehwildverleitung annimmt. Falls Sie also beispielsweise einen Rehbock erlegt haben, verzichten Sie besser darauf, ihn für ein paar Fotoaufnahmen im Garten zu positionieren.

Doch zurück zur Schleppenarbeit: Wichtig ist, dass der Nachsuchenhund am Ende der Schleppe fündig wird und dafür an Ort und Stelle belohnt wird, entweder durch Worte oder durch Futter. Dieses Procedere kann dann auch in der Nachsuchenpraxis fortgesetzt werden, wenn der Hund am gefundenen Stück entweder ausführlich gelobt und/oder genossen gemacht und ihm ein kleines Stückchen Wildbret aus der Keule geschärft wird. Bei Sauen verzichten wir allerdings wegen der Aujeszkyschen Krankheit, auch Pseudowut genannt, gänzlich auf diese Geste.

Schwierigkeitsgrad erhöhen

Ich ziehe maximal rund zehn Futterschleppen über ein paar Wochen verteilt, die in Stehzeit, Länge und Haken unterschiedlich sind, je nach Leistungsstand des Welpen. Sie sollten übrigens für die Schleppenarbeit immer wieder zu anderen Wildteilen greifen, damit die Arbeit für Ihren Schützling nicht langweilig wird. Natürlich sollten diese Wildteile auch frisch sein und nach einmaligem Einsatz sogleich wieder fachmännisch entsorgt werden. Das kann dann auch mal ein abgetrennter Rot- oder Damwildlauf, ein Teller vom Frischling etc. sein. Da der Hund diese Beutestücke nicht fressen kann und soll, geben Sie ihm einfach ein paar Leckerchen für die erfolgreiche Suche und stecken die gefundene Beute ein.

Erst wenn der Welpe begriffen hat, was bei der Arbeit auf der Schleppe von ihm erwartet wird, steige ich um auf die Arbeit mit dem Fährtenschuh. Hier darf man den Jungspund aber nicht überfordern, daher beginne ich damit erst, wenn der Hund rund ein halbes Jahr alt ist.

Zurückfährten des Hundes unterstützen

Unbestritten ist es von Vorteil, wenn der Welpe früh lernt, sich auf seiner Spur zurückzufährten. Es kommt in der Praxis eben auch mal vor, dass der Hund zur Hetze geschnallt wird. Sofern sie weit geht und erfolglos ist, muss sich der Hund allein zurückfährten, schließlich verfügt nicht jeder Nachsuchenführer über ein GPS-Gerät. Um dieses Zurückorientieren beim Welpen zu fördern und zusätzlich das Annehmen der Spur seines Hundeführers zu verstärken, muss ein Helfer zur Stelle sein, der gemeinsam mit dem Hundeführer und dem angeleinten Azubi im Revier ein paar Schritte zurücklegt. Der Hundeführer trennt sich nach ein paar Schritten von dem Gespann Helfer und Hund und läuft in die entgegengesetzte Richtung. Der Helfer schnallt anschließend den Hund und der Hundeführer ruft ihn zu sich. Der Hundeführer beobachtet von seiner Position aus, beispielsweise hinter einem dicken Baumstamm versteckt, wie der Welpe beginnt, sich anfangs auf seiner Spur zurückzuorientieren

Hauptsache immer mit dabei – in dieser speziellen Welpentasche lässt es sich gut aushalten.

und dann auf seine, die des Hundeführers, trifft. In diesem Moment wird das Rufen eingestellt, schließlich soll der Hund seine Nase einsetzen und nicht seine Ohren. Entdeckt der Hund den Hundeführer, wird er für seinen Einsatz und seinen Willen kräftig belohnt. Auch diese kleine Lehrstunde kann man beliebig ausweiten und sollte man so üben, dass man nicht im Wind steht.

Jeden Tag üben

Achten Sie jedoch darauf, Ihren Welpen nie zu überfordern. Beenden Sie Ihre Hundesausbildung immer mit einem positiven Erlebnis. Und noch ein wichtiger Punkt: Lieber jeden Tag zehn bis 20 Minuten Hundeschule mit vielen verschiedenen kleinen Lektionen als einmal in der Woche eine Stunde lang Monotonie. Sie laufen sonst Gefahr, Ihren Azubi zu langweilen oder ihn schlichtweg zu überfordern, weil er sich ganz einfach noch nicht über einen längeren Zeitraum konzentrieren kann.

Kontakt mit Wild

Anfangs können Sie dafür gern einen älteren, erfahrenen Hund hinzuziehen, beispielsweise wenn der Welpe an »seinen« ersten Frischling herangeführt wird. Zögert der Azubi ein wenig, wird ihm der Alte, der natürlich den Frischling bewinden will, mit dessen Verhalten entsprechendes Selbstbewusstsein geben und Entdeckerfreuden wecken. Neigt der Alte aber dazu, am Stück neidisch zu sein, sollten Sie von dieser Kooperation Abstand nehmen, eine Beißerei am Stück kann wirklich niemand brauchen.

Hat der Welpe im allgemeinen Respekt vor Wild, können Sie ihm spielerisch mit Hilfe der Reizangel auf die Sprünge helfen: Ein Stück Schwarte oder Decke von Dam- oder Rotwild an der Schnur befestigt, fertig. Der Hund wird neugierig und aufmerksam auf die Beute gemacht, indem man der Schwarte Leben einhaucht und sie am Boden ein bisschen zappeln lässt. Das motiviert

Der erfahrene Hund zeigt starkes Interesse an dem Schwarzkittel und ermutigt den Welpen mit seinem Verhalten, sich an ihn zu koppeln.

auch den vorsichtigsten Welpen. Ist er an der Beute »dran«, loben Sie ihn laut, auch wenn er sie packt. Dann gehen Sie zu ihm hin und nehmen ihm die Beute ab. Wenn Sie dabei ein Leckerchen zur Hand haben, wird der Welpe schnell ausgeben und die Beute wandert dann in die Entsorgung. In der nächsten Lehrstunde wird ihm ein anderes, frisches Stück Schwarte oder Decke angeboten.

Der Hund gehört nicht mit auf den Hochsitz

Auch ein Nachsuchenhund muss schussfest sein. Hier muss man besonders bedachtsam vorgehen, sonst ist der Hund schnell verdorben. Ich bin der Meinung, dass kein Hund mit auf den Stand geschweige denn Hochsitz gehört, selbst wenn es sich um einen Teckel handelt, den man ja schnell mal unter den Arm klemmen kann. Auf dem Stand wird in unmittelbarer Nähe geschossen, dabei sind die Ohren der Hunde extrem empfindlich, und der Schussknall kann dem Welpen richtige Schmerzen zufügen. Auch wenn inzwischen viele Jäger Schalldämpfer benutzen, macht das sofortige, hektische Abbaumen nach dem Schuss wenig Sinn. Damit fördert man die Schusshitzigkeit. Schließlich geht es nach dem Knall oder gedämpften Schuss ja immer zur Beute. Man macht eh noch genug falsch bei der Hundeausbildung – deshalb sollte man diesen Kardinalsfehler eben nicht begehen.

Wird der Welpe nicht schusshitzig, passiert oft das Gegenteil, vor allem, wenn man keinen Schalldämpfer nutzt. Der Hund wird schussempfindlich oder schussscheu. Er verkriecht sich sobald der Jäger die Waffe anbackt. Es ist für mich nicht nachvollziehbar, dass es tatsächlich auch heute noch Hundeführer und Jäger gibt, die ihren Hund mit auf den Stand nehmen. Wozu auch? Weil sie alleine nicht genug aufpassen und auf ihren Gefährten als Wildanzeiger angewiesen sind? Ich kann es auch nicht fassen, wenn Hundeführer ihren

SCHWEISSHALSUNG ANLEGEN HEISST NACHSUCHE

Leinenführigkeit wird immer mit der normalen Leine geübt, nie mit der Schweißhalsung und entsprechendem Riemen. Der wird ausschließlich zur Nachsuche genommen. So lernt der Welpe zu unterscheiden und er weiß genau: Sobald ihm die Schweißhalsung übergestülpt wird, muss nachgesucht werden.

Freudig lässt sich der HS die Halsung überstülpen.

Azubi zum Trainieren der Schussfestigkeit auf den Schießstand zerren, ob zum Büchsen- oder Tontaubenstand. Wenn überhaupt, bleibt der Hund im Auto in mindestens 300 Meter Abstand zum Büchsenstand hinten in seiner Box sitzen.

Im Auto ist der Welpe gut untergebracht

Wenn ich zur Jagd gehe, bleibt der Welpe ausschließlich in seiner geräumigen Box im Kofferraum. Natürlich hat er vorher die Gelegenheit gehabt, sich zu lösen, damit er in dem Kennel nicht unruhig wird. Schieße ich ein Stück Wild, versorge ich es in Ruhe und kehre erst dann zum Auto zurück. Meist fahre ich anschließend mit dem Auto zum Stück und lade es ein. Der Hund ist also in dieser Zeit arbeitslos und bleibt währenddessen in seiner Box. Er darf keinesfalls verknüpfen: Schuss, Herrchen oder Frauchen kommt sofort, ich werde rausgelassen, darf suchen und das Stück Wild in Besitz nehmen. Ein laut im Auto kläffender Hund, nach einem Schuss, ist dann das Resultat dieser Irrführung.

Ist es für den Hund im Sommer im Auto zu heiß, bleibt er zu Haus. Er wird geholt, wenn er gebraucht wird. Der Foxl dankte den Abhol-Service mit guter Arbeit.

Die erste Totsuche für den Lehrling

Natürlich bietet es sich an, den jungen Hund eine glasklare Totsuche arbeiten zu lassen, heißt: Es liegt definitiv Lungenschweiß am Anschuss. Aber auch hier ist das Gebot der Stunde: Nur keine Hektik. Bleiben Sie eine gute Viertelstunde nach dem Schuss sitzen, gehen Sie in Ruhe zum Anschuss und untersuchen Sie ihn genau, damit es tatsächlich keine böse Überraschung für den Welpen gibt. Dann markieren Sie den Anschuss und gehen zum Auto zurück.

Öffnen Sie die Heckklappe, verstauen Sie Ihre Ausrüstung. Erst dann greifen Sie zum Schweißriemen und legen sie ihm den Welpen an. Gemeinsam geht es ohne viel Worte zum Anschuss. Lassen Sie den Welpen in der Nähe ablegen und inspizieren Sie den Anschuss. Bei dem Azubi wird durch Ihr Suchen und Schauen am Anschuss die Neugier extrem angeregt. Schließlich setzen Sie ihn an und lassen ihn die Totsuche in Ruhe arbeiten.

Am Stück angekommen, schärfen Sie ein Stück Wildbret aus der Keule heraus und geben es ihm. Bieten Sie ihm nie etwas vom Aufbruch an, darin könnten Geschosssplitter sitzen. Noch einmal: Es handelt sich bei dieser Totsuche nicht um ein Stück Rehwild. Wenn Sie eine Sau erlegt haben, sollten Sie ein paar Extra-Leckerchen griffbereit haben und auf das Genossen machen mit Wildbret aus den bereits genannten Gründen verzichten.

Wahlweise gemeinsam mit dem alten Hund

Sofern Sie einen alten, erfahrenen Nachsuchenhund haben, können Sie den Welpen bei der Totsuche auch mitlaufen lassen. Ich halte im Generellen nichts vom Nachführen, doch ein unbedarfter Welpe schaut sich in dieser Lebensphase viel von dem Alten ab und koppelt sich mit seinem Verhalten an ihn. Er lernt, dass der Alte seine Nase einsetzt, auf der Fährte drauf bleibt, sich durch dick und dünn zwängt und am Schluss der Erfolg durch das gefundene Stück gekrönt wird. Sobald jedoch der Lehrling älter ist und seine ersten kalten Fährten allein ausgearbeitet hat, gibt es solche gemeinsamen Aktionen mit dem erfahrenen Hund nicht mehr. Sonst sucht der Azubi eines Tages nicht mehr allein voran.

Das kleine ABC muss sitzen

Ich bin der Meinung, dass man beim Welpen sofort mit der Stubendressur, dem kleinen ABC, beginnen sollte. Das umfasst die Kommandos Komm, Sitz, Bleib, Ablegen, bei Fuß, An- und Ableinen, Leinenführigkeit und Hundeplatz. Hier gibt es genügend Fachliteratur (siehe BLV Bücher Tabel »Der Jagdgebrauchshund«, Baatz »Hundeausbildung für die Jagd« oder »Grunderziehung für Welpen« von Fichtlmeier).

Doch ein Kommando möchte ich noch einmal rausstellen, und zwar das »Bleib!« Für mich ist es deshalb so wichtig, weil ich mit schweren Hunden arbeite und einen Pickup mit einer hohen Ladefläche fahre. Sind wir in dem Revier angekommen, in dem nachgesucht werden soll, und ich mache die Heckklappe und anschließend die Hundebox auf, darf der Hund tatsächlich erst dann herausspringen, wenn ich es ihm sage.

Es gibt nichts Unprofessionelleres, als wenn der Hund voller Tatendrang aus der Höhe mit Schwung von der Ladefläche herausspringt und vielleicht sogar schon vorsucht. Sie schreien und brüllen nach Ihrem Hund, und die herumstehenden Jäger haben gleich einen prima Eindruck von Ihnen. Bei der Nachsuche ist Disziplin angesagt. Das beginnt schon mit dem Hund, der das Auto erst dann verlässt, wenn Sie es ihm erlauben. Und zwar ganz in Ruhe und bedächtig, damit sich Ihr Gefährte beim Herausspringen nicht die Hüften und den Rücken kaputt macht. Sonst kann alle Mühe schnell umsonst gewesen sein.

Wenn Welpe und Kinder zusammen sind, sollte immer ein Erwachsener dabei sein.

Kein hektisches Herausspringen, sondern »Sitz« und »Bleib«.

Spezialisierung auf die Nachsuchenarbeit

Der Grundgehorsam sitzt, die Futterschleppen werden problemlos gemeistert. Auf dem Stundenplan stehen jetzt die Fächer Kunstfährte, Schussfestigkeit, Verhalten an der Reizangel und leichte Totsuchen.

Mit dem Fährtenschuh

Der Welpe sollte von Anfang an nicht mit getupften oder getropften Fährten verwöhnt werden. Es macht vielmehr Sinn, ihn auf der Gesundfährte arbeiten zu lassen. Warum? Besonders bei stärkerem Wild, wie unserem Schwarzwild, setzt sich im Laufe der Suche der Ausschuss zu, weil sich Schwarte und Fett darüber schieben. Das Ergebnis: Das Stück schweißt nicht mehr. Hat man den Welpen zu stark auf Schweiß getrimmt, ist das Risiko des Versagens auf der Fährte in der eben geschilderten Situation recht groß und der Hund beginnt zu faseln.

Ein Paar Fährtenschuhe mit Schalen vom Schwarzwild unter die Schuhe geschnallt und schon kann es losgehen mit der ersten Kunstfährte.

Mit einfacher Kunstfährte beginnen

Aus dem Grund arbeite ich sehr viel mit dem Fährtenschuh. Natürlich muss dabei der Ausbildungsstand des Lehrlings berücksichtigt werden. Am Anfang ist die getretene Fährte nicht allzulang, maximal 100 Meter ohne Haken oder Widergänge, denn zuerst muss der Hund begreifen, um was es eigentlich geht. Von dem Platz aus, von dem ich starte, stelle ich einen Anschuss nach, rupfe dafür etwas Schwarten- oder Deckenhaar von den abgeschnittenen Läufen ab, lege eine bisschen Gewebe dazu und los geht's mit den Fährtenschuhen. Je nach Bewuchs und Geländebeschaffenheit zeichne ich den Verlauf der Fährte aus, allerdings nicht in Augen- oder Nasenhöhe des Welpen, weil dann zu viel Wittrung von mir dort steht. Ein Kreidestrich auf meiner Augenhöhe, ein Stöckchen an den Baum gelehnt, ein Stückchen vom Trassierband – hier sind der Phantasie keine Grenzen gesetzt.

Beute auslegen

Am Ende lasse ich eine Schale oder ein Stückchen Schwarte oder Decke als Beute für den Hund liegen. Es ist wichtig, dass er zum Schluss fündig wird – die Beute muss dabei natürlich zu der getretenen Fährte passen. Es macht für den Hund daher keinen Sinn, bei einer getretenen Saufährte zum Schluss auf ein Stück Rotwilddecke zu stoßen. Auch auf ein Zusammenstückeln innerhalb der Wildart sollte man verzichten, da jedes Stück seine individuelle Wittrung hat. Zu den Schmaltierschalen gehört die dazugehörige Decke und nicht die eines anderen Rottiers. Und, wenn man doch mit Schweiß arbeitet: Immer den Schweiß von dem Stück tropfen oder tupfen, von dem die Schalen unter dem Fährtenschuh stammen. Hundeführer, die eine Schwarzwildfährte treten und dabei Rinderblut verlieren, müssen sich am Ende nicht wundern, wenn der Hund im Praxiseinsatz irgendwann ins Leere läuft.

In Ruhe arbeiten lassen

Arbeite ich das erste Mal mit dem Fährtenschuh, lasse ich die Fährte nicht allzulang stehen, nach maximal einer Stunde gehe ich mit dem Hund zum Anschuss. Dort lasse ich ihn, am langen Schweißriemen abgelegt warten, während ich den Anschuss inspiziere – genau so, wie ich es bei den »echten« Nachsuchen mache. Wenn ich den Hund kurz darauf hole und dort ansetze, ist er hochmotiviert. Weiß er noch nicht so recht, was von ihm erwartet wird, einfach nachhelfen und mit dem Finger auf die Pirschzeichen zeigen. Fällt der Jungspund die Fährte an, loben und in Ruhe arbeiten lassen. Der Hund muss nicht exakt auf der Fährte laufen, er kann auch seitlich versetzt arbeiten, Hauptsache er ist im »Dunstkreis«. Kommt er ins Faseln oder ist schlichtweg falsch, korrigiere ich ihn sanft, trage ihn ab und helfe ihm, die Fährte wieder zu finden, beuge mich dabei hinunter und deute auf den Verlauf. Ist er wieder »drauf«, wird er mit der Stimme gelobt.

Stück für Stück arbeitet sich der Hund vorwärts, bis wir gemeinsam am Ziel ankommen. An der Schale oder am Schwarten- beziehungsweise Deckenstück angekommen, wird der Hund abgeliebelt und mit ein paar Leckerchen für seine gute Arbeit belohnt. Beute aufsammeln und ab nach Hause. Noch eine Bitte: Nicht übertreiben und noch eine zweite Kunstfährte am gleichen Tag arbeiten lassen, sondern Maß halten und Pausen einlegen, damit der Hund das verarbeiten kann, was er gerade gelernt hat.

Der Hund wird im Revier bei der Anschusskontrolle abgelegt. Diese Abfolge wird bereits mit dem Welpen bei der Arbeit mit dem Fährtenschuh geübt.

Verleitungen legen

Je besser der Lehrling hier arbeitet, umso schwieriger sollte man die Kunstfährte gestalten. Haken, Widergänge, Stehzeit – hier gibt es keine Grenzen. Allerdings: Nie überfordern, die Fährte immer so anlegen, dass der Hund zum Erfolg kommt. Natürlich lassen sich auch gezielte Verleitungen legen. Ziehen Sie dafür einfach über die getretene Fährte einen Rehlauf – dabei sollte diese Strecke nicht zu kurz sein und ein paar Meter weit gehen, damit der Hund die Verleitung arbeiten kann und Sie Zeit haben, ihn zu korrigieren. Noch besser ist es natürlich, wenn diese Verleitung von einem Helfer gelegt wird, damit der Hund keinen Zusammenhang mit Ihrer Duftspur erkennt. Diese Fährten-Kreuzung müssen Sie besonders markieren, damit Sie vorbereitet sind. Fällt der Hund diese Verleitung an, korrigieren Sie ihn. Provozieren Sie solche Situationen, denn nur so lässt sich die Arbeit Ihres Hundes kontrollieren.

Nur durch Verleitungen lernt der Hund, die Fährte sauber zu halten. Und Sie wiederum lernen, Ihren Hund zu lesen, sofern er sich verleiten lässt – für die späteren Prüfungen entscheidend.

Übernachtfährte

Ideal ist es, wenn die Kunstfährte in einem wildreichen Gebiet getreten und über Nacht stehen gelassen wird, vorausgesetzt der Azubi ist inzwischen »Meister seines Fachs« in Sachen Kunstfährte. Am nächsten Morgen wird er mit Sicherheit die eine oder andere natürliche Verleitung zu absolvieren haben. Da Sie aber inzwischen gelernt haben, Ihren Gefährten zu lesen, wenn er solch eine Verleitung anfällt, fällt es Ihnen leichter hier entsprechend korrigierend zu reagieren.

Natürlich, das ist alles sehr viel Arbeit und kostet Geduld und Zeit. Aber wie heißt es doch so treffend: Schweißarbeit ist Fleißarbeit.

Schussfestigkeit fördern

Der Hund war bisher stets im Auto geblieben, wenn das Fahrzeug im gebührenden Abstand (siehe Seite 26) vom Schießstand entfernt geparkt wurde. Er kennt inzwischen die Geräuschkulisse. Doch jetzt darf er angeleint mit durch das Gelände marschieren. Sobald ein Schuss ertönt, wird dem Hund keine Beachtung geschenkt, sondern einfach normal weitergegangen. Es soll das Selbstverständlichste von der Welt sein, dass es ab und zu knallt. Ich laufe nicht Richtung Schießstand. Es reicht, wenn wir 300 Meter Abstand halten. Auch Nachsuchenführer schießen inzwischen mit Schalldämpfer. Auf unserer Runde kann der Hund zwischendurch abgelegt werden oder auch im Sitz bleiben.

Auch ein Schweißhund muss schussfest sein. In der Nähe eines Schießstandes kann man das gut üben – aber: Abstand halten.

SPÜREN, WAS DER HUND KANN

Die Kunstfährte sollte je nach Können des Hundes gesteigert werden. Wichtig ist, dass das Gespann am Ende immer zur ausgelegten Beute kommt und erfolgreich abschließt. Stehen Sie Ihrem Azubi deshalb immer geduldig und hilfreich zur Seite. Es macht keinen Sinn, wenn man die Arbeit auf der Kunstfährte genervt und frustriert abbricht und nicht zum Ziel kommt, weil die Übung für den Hund zu schwierig ist.

Übungen mit der Reizangel

An der einen oder anderen Lehrstunde mit der Reizangel kommt auch der Nachsuchenhund nicht vorbei. Grundgehorsam, anjagen, hetzen, greifen und Beute freigeben sind die Lektionen, die dem Nachsuchen-Lehrling mit der Reizangel vermittelt werden. Den Grundgehorsam fordere ich von meinem Azubi ab, wenn ich mit der Ablege-Übung beginne und dabei die Beute direkt vor seiner Nase an ihm vorbeiziehe. Der Jungspund soll abgelegt bleiben und dem Reiz widerstehen, hinterherzusetzen, schließlich gebe ich das Kommando, wann es los geht. Dem Hund wird bei dieser Übung ganz klar vermittelt, wer von uns in dieser Situation das Sagen hat. Diese kleinen, auf den ersten Blick unwichtigen Kommandos müssen sitzen – wenn er diese Übung anzweifelt und selbst auflöst, indem er nachprellt – wie soll ihm klar sein, dass er auf Triller Down machen muss?

Kontrolliert hetzen lassen

Hat der junge Hund geduldig abgewartet, gebe ich ihn mit einem deutlichen »Vorwärts!« in Richtung Beute frei. Der Hund setzt hinterher. Ist er noch etwas verhalten, laufe ich zwischendurch einfach geradeaus durch den Garten. Die gerade Strecke ist für den Welpen einfacher zu halten und motiviert ihn dranzubleiben. Schließlich wird sein Einsatz belohnt, ich verlangsamere das Tempo und er darf die Beute packen. Auch das ist wichtig für die Praxis. Mir nützt später ein geschnallter Nachsuchenhund wenig, der ewig hinter dem kranken Stück hinterherläuft und keine Fassversuche unternimmt. Klar, dass man hier bei einem 60-Kilo-Überläufer von dem Hund keine Wunder erwarten kann – aber ein Stück Rehwild und ein Frischling um die 20 bis 30 Kilogramm (nur großrahmige Hunde) sollte der Nachsuchenhund schon packen und halten können. Sonst reiht sich eine Verfolgungsjagd nach der anderen und das Gespann fährt gefrustet als Schneider nach Hause.

Beute abgeben

Hat der Hund die Beute gepackt, muss er sie jedoch wieder ausgeben. Er lernt erneut, dass ich der Chef bin und dass mir die Beute gehört. Begreift der Hund das nicht, habe ich später am Stück einen knurrenden Hund sitzen, der mich nicht heranlässt und im schlimmsten Fall um sich herum beißt. Zeigt Ihr Hund bereits an der Reizangel Probleme, die Beute »Aus« zu geben, tauschen Sie mit einem Leckerchen. Sie werden sehen, der Fang öffnet sich wie von selbst und die Beute wird fallengelassen. Jetzt schnell aufheben und sichern. Mit jeder Lerneinheit begreift der Hund, dass Sie es sind, dem die Beute gehört.

Abrufen und Triller einbauen

Es bietet sich an, an der Reizangel das Abrufen oder den Triller zu üben. Auch hier spielt natürlich das jeweilige Temperament des Hundes eine wesentliche Rolle – der eine ist so voller Adrenalin, dass er das umhersausende Beutestück einfach nur packen will und der andere gehorcht. Haben Sie mit Ihrem Hund den Triller und das darauffolgende Down geübt, können Sie es bei der Reizangel-Übung anwenden und verfestigen. Klar, dass Sie, einmal getrillert, das Kommando sofort durchsetzen müssen. Geht er nicht ins Down, auf den Hund losstürmen, noch einmal trillern und ihn kräftig auf den Boden herunterdrücken. Ist der Hund im Down, verharrt die Beute. Jetzt hat man zwei Möglichkeiten: Man nähert sich gemeinsam der Beute und lässt den Hund greifen. Oder man bleibt beim Hund stehen, hebt das Kommando Down auf und lässt den Azubi auf die weiter verharrende Beute einspringen. Danach: Beute abnehmen, Übung beenden.

Überlegt abrufen

Das Abrufen und der Triller ist auch für die Praxis wichtig, wenn der Hund beispielsweise gesundes Wild hetzt, muss er ins Down getrillert werden und wenn er ein Stück gestellt hat, muss er sich abrufen lassen, damit der Nachsuchenführer einen Fangschuss antragen kann. Ehrensache, dass man nur dann den Hund abrufen sollte, wenn das kranke Stück aus eigener Kraft nicht mehr flüchten kann. Ist das kranke Stück jedoch noch recht mobil, sollte man sich tunlichst das Abrufen verkneifen und stattdessen zum Waidmesser greifen, denn dann steht das Abfangen an erster Stelle.

Der Sprung von der Kunstfährte zur Totsuche

Die Ausbildung auf der Kunstfährte hat die Sinne des Hundes geschärft, er weiß, dass er eine Fährte halten muss, um am Ende Beute zu finden. Jetzt wird es Zeit für die erste Totsuche und es bietet sich an, ein Stück mit einem Lungentreffer nachzusuchen. Am Anschuss liegt demnach Lungenschweiß, das Stück flieht Bäume an und verliert weiter Schweiß, bis es nach einigen Fluchten in der Fährte zusammenbricht – sieht einfach aus, doch Achtung: Im Unterschied zur Kunstfährte betritt Ihr Lehrling bei dieser realen Nachsuche Neuland: Auf der Fluchtfährte haften »echte« Stresspartikelchen, der Hund findet viel Schweiß und die Bodenverwundung ist auch eine andere als die, die er vom Fährtenschuh her kennt. Jetzt werden die Instinkte des Jungspundes angesprochen und er ist extrem motiviert. Wundern Sie sich also nicht, wenn er die Fährte überstürzt und hektisch anfällt und nicht die Ruhe ausstrahlt, die Sie sonst vom Ausarbeiten der Kunstfährte her kennen. Und noch eins: Im Unterschied zur Kunstfährte wird diese Todesflucht nicht von Ihrem Geruch begleitet. Haben Sie also Verständnis, dass diese eigentlich leichte Suche für den Junghund doch nicht ganz so einfach ist. Kommt er ans Stück, rechnen Sie damit, dass er Meideverhalten zeigen könnte. Umso wichtiger, dass Sie gemeinsam mit ihm zum Stück gehen. Wenn es noch taghell ist, wird Ihr Hund mutiger sein als in der Dunkelheit.

Wichtig ist, dass Sie bei der Totsuche den Ablauf, den er schon von der Kunstfährte her kennt, einhalten:

- das Ablegen des Hundes in der Nähe des Anschusses;
- Untersuchung des Anschusses durch den Hundeführer;
- Ansetzen des Hundes;
- Ausgehen der Fährte;
- Gemeinsam das verendete Stück finden;
- Hund loben und genossen machen.

1 **An der Reizangel ist ein frisches Stück von einer Frischlingsschwarte befestigt.**

2 **Benedikt bleibt abgelegt liegen, auch wenn die Beute sich bewegt und zum Greifen nah ist.**

3 **Jetzt lässt der Hundeführer den Hund einspringen.**

4 **Auf gerader Strecke fällt es dem Welpen einfacher, Anschluss zu halten.**

5 **Er packt die Beute und hält sie fest.**

6 **Der Welpe gibt die Beute aus, der Hundeführer nimmt sie an sich und die Übungseinheit ist damit zu Ende.**

1
2
3
4
5
6

Am Anschuss vom Damkalb liegt Lungenschweiß.

Benedikt »buchstabiert« sich langsam vorwärts.

Hier gibt der Nachsuchenführer etwas Hilfestellung.

Es ist Ihre Entscheidung

So vorbereitet, können Sie gemeinsam mit Ihrem Hund zur Nachsuchenarbeit starten. Achten Sie aber darauf, dass Sie ihm anfangs wirklich nur leichte Arbeiten überlassen wie Lungentreffer. Schauen Sie sich die Anschüsse im Vorfeld genau an, damit es am Ende keine bösen Überraschungen für Sie und Ihren Hund gibt. Scheint die Suche zu schwierig, lieber die Profis anrufen oder auf einen erfahrenen Hund zurückgreifen.

Sofern Sie in fremden Revieren unterwegs sind, rechnen Sie immer damit, dass Ihnen selten die Wahrheit erzählt wird und bereits mit anderen Hunden vorgesucht wurde. Da die das angeschweißte Stück nicht gefunden haben, können Sie davon ausgehen, dass es sich dann in den seltensten Fällen um eine einfache, kurze Totsuche handelt – hier ist der Fall mit Sicherheit komplizierter und die Suche wird alles andere als ein Kinderspiel.

Denken Sie daran: Es ist *Ihr Hund*, der am Riemen geführt wird. Es ist *Ihr Hund*, den Sie zur Hetze an der Bundesstraße schnallen. Es ist *Ihr Hund*, der geschlagen wird. Rinnt das Stück durch den eiskalten Kanal, ist es *Ihr Hund*, der es verfolgen wird. Es ist *Ihr Hund*, der versuchen wird es zu packen. Es ist *Ihr Hund*, der sich verbeißt. Es ist *Ihr Hund*, der mit dem Stück untergeht.

Natürlich, eins ist auch klar: Nur Praxis bringt Sie und Ihren Gefährten weiter. Also: Lassen Sie sich nicht entmutigen, aber haben Sie auch den Schneid, »Nein!« zu sagen.

Nur noch wenige Meter trennen Benedikt vom Kalb, die Decke schimmert rechts oben hinter den Bäumen hervor, doch die Nase vom HS bleibt am Boden.

Wie ein Profi nachgesucht, das erste Stück Damwild!

Während das Kalb aufgebrochen wird, bleibt Benedikt brav abgelegt liegen …

… und bekommt als Belohnung ein Stückchen von der Beute ab.

Die Wundfährte

Woraus setzt sich eigentlich die Wundfährte zusammen und wie gelingt es dem Hund, genau dieser Wittrung zu folgen? Als Nachsuchenführer müssen Sie auch den Einfluss des Wetters mit einkalkulieren.

Jedes Stück Wild hat seine eigene Wittrung

Die Wittrung des Stück Schalenwilds wird über winzige Drüsen, die im Bereich der Schalen liegen, abgesondert. Egal, wie der Boden beschaffen ist, bei der Berührung von Erde, Gras, Laub etc. bleiben winzigste Duftpartikelchen dieses Sekrets haften. Dieses Sekret verändert sich je nach Gemütszustand – hat das Stück Angst, beispielsweise weil es beschossen wurde, werden über die Drüsen verstärkt Stresspartikelchen freigesetzt. Bei einem krankgeschossenen Stück Wild ändert sich, je nach Art seiner Verletzung, die Zusammensetzung dieses Sekrets abermals – und zwar deutlich. Nur so ist es auch zu erklären, dass jeder Jagdhund automatisch die Fährte eines kranken Stück Wildes anfällt – sogar wenn er rein zufällig auf sie stößt.

Die Wittrung verrät dem Hund, wie übrigens auch Wolf, Fuchs & Co., dass exakt dieses Stück Wild nicht gesund ist und es sich deshalb lohnt, es zu verfolgen.

Wichtige Botenstoffe

Das Stück Wild hinterlässt außerdem Schwebstoffe in Form von Talg, Schuppen und, wenn es schwitzt, eben auch diesen Geruch. Diese Indizien werden von dem Boden, den Blättern und Gräsern für eine Zeit lang, je nach Wetter, gespeichert und langsam zersetzt. Das Gleiche geschieht übrigens mit den Pirschzeichen, also Schweiß, Panseninhalt, Gescheideresten etc. – falls Marder, Fuchs und Wildschwein nicht vorher bereits die Bühne gesäubert haben.

Bei der Wundfährte spielen viele Faktoren eine Rolle

Die Wundfährte besteht also aus mehreren Komponenten: dem Individualgeruch des Stückes, dem freigesetzten Adrenalin und der Krankwittrung. Nur so ist es auch zu erklären, dass der Nachsuchenhund exakt diese eine Fährte auf Dauer – trotz Verleitungen – halten kann.

Das »Lesen« der Wundfährte ist teilweise extrem schwierig, da stößt manchmal selbst der erfahrenste Schweißhund an seine Grenzen.

Die Pirschzeichen an sich spielen bei der Wundfährte daher eine untergeordnete Rolle und helfen eigentlich mehr dem Schweißhundführer als seinem Hund. Für den Nachsuchenführer sind gefundene Pirschzeichen die Bestätigung dafür, dass sein Gefährte richtig ist. Der Hund jedoch buchstabiert sich ausschließlich auf der Fährte weiter.

Wir haben bereits viele Nachsuchen absolviert, bei denen zwar am Anschuss Schweiß zu finden war, der dann aber immer weniger wurde. Es ist daher für die Arbeit mit dem Nachsuchenhund nebensächlich, ob das Stück schweißt oder nicht. Umso besser, wenn der Azubi von Welpenbeinen an auf der kalten Gesundfährte, beispielsweise mit einem Fährtenschuh, angesetzt wurde, Nase und Geist gefordert sind, und er nicht durch getupften oder getropften Schweiß verwöhnt wurde.

Das Wetter macht den Unterschied

Doch ein Faktor hat erheblichen Einfluss auf die Wundfährte und sollte daher unbedingt mit ins Kalkül einbezogen werden: das Wetter. Es gilt folgende Regel: Die Geruchsintensität der Wundfährte ist abhängig von dem Temperatur-Unterschied, der zwischen Luft und Boden liegt. Ist also die Lufttemperatur höher als die des Bodens, steht die Wittrung gut. Ist dagegen die Luft kälter als die Bodentemperatur, verschlechtert sich das Geruchsbild.

TIPP Ist die Lufttemperatur höher als die des Bodens, steht die Wittrung gut. Ist aber die Luft kälter als der Boden selbst, verliert die Fährte an Wittrung und erschwert die Suche.

Beste Voraussetzungen bietet das Frühjahr

Die Verhältnisse für Nachsuchen im Frühjahr sind nahezu optimal, weil der Boden teilweise noch kalt oder gar gefroren ist und die Lufttemperatur deutlich darüber liegt. Überall herrscht üppige Vegetation, an der die Wittrung des Stückes beim Durchziehen haften bleibt. Hinzu kommen der Morgen- oder Abendtau, die die Geruchsstoffe binden und den Boden zudem mit Feuchtigkeit versorgen. Diese Geruchsautobahn ist ideal für den noch jungen Nachsuchenhund, der hier erste Erfahrungen sammeln kann.

Das vom Morgentau mit Feuchtigkeit benetzte Rapsfeld bindet die Geruchsstoffe hervorragend.

Der Nachsuchenführer findet abgestreiften Schweiß an den Maisblättern und Halmen. Der Überläufer ist in den Maisschlag abgetaucht.

Die Fluchtfährte ist im nassen Boden gut zu erkennen.

Hitze und Trockenheit erschweren die Nachsuche

Bei sommerlichen Höchsttemperaturen und extremer Trockenheit sieht der Fall leider anders aus: Der Boden saugt die Wittrung ein, ja, verschluckt sie regelrecht – umso beschwerlicher ist die Suche für den Hund. Weiterer Nachteil: Die Wärme lässt besonders den hektischen Hund schnell an seine Grenzen stoßen. Er beginnt, zu überhitzen und versucht über eine hohe Hechel-Frequenz die Körpertemperatur zu drosseln – doch das Hecheln fördert nicht unbedingt Konzentration und Nasenleistung.

Wer hier einen ruhigen Vertreter am Riemen führt, hat eindeutig die besseren Karten. Selbstredend, dass man als Hundeführer immer genug Wasser bei sich trägt, damit der vierläufige Kamerad zwischendurch schöpfen kann – unabhängig davon, ob es sich um einen eher aufgeregten oder einen ruhigen Riemenarbeiter handelt.

Und noch etwas: Lassen Sie sich nicht verwirren, wenn der Schütze Ihnen bei der Anschuss-Begutachtung dunklen Schweiß zeigt und sagt: »Doch die Leber getroffen!« Ansteigende Außentemperaturen verändern die Farbe des Schweißes – bei entsprechender Wärme und Sonneneinstrahlung kann hellroter Schweiß schnell ins Dunkle mutieren. Deshalb wird aus einem Treffer am Äser oder Gebrech noch lange kein Leberschuss.

Felder dienen als Speicher

Einziger Lichtblick in dieser Jahreszeit sind die noch nicht abgeernteten Getreide-, Raps- oder Maisfelder. In dem hohen Bewuchs speichert der Boden allein wegen des Schattenwurfs und der Wurzeln immer ein gewisses Maß an Feuchtigkeit. Die Duftstoffe der Wundfährte hinterlassen ein für den Hund leichter zu haltendes Geruchsbild. Weiterer Pluspunkt: Durchziehendes oder flüchtendes Wild hinterlässt Wittrung an den Halmen und man findet, sofern das nachgesuchte Stück tatsächlich einen Ausschuss hat, vereinzelt Schweiß an Halmen oder Maisblättern.

Übergänge sind schwierig

Doch man soll den Tag nicht vor den Abend loben – läuft es beispielsweise im Maisschlag noch gut für das Nachsuchengespann, kann es, sofern das Stück hinausgewechselt ist und dabei einen ausgetrockneten Sandweg überfallen hat, kniffelig werden. Hier findet der Hund plötzlich völlig neue Bedingungen vor. Konnte er sich bis hierher gut an der Fährte festsaugen, offenbart der karge Weg wenig von der Wundfährte. Der Hund bögelt hin und her. Lassen Sie ihm Zeit, sich entsprechend umzustellen. Geht es trotzdem nicht vorwärts, sollte man mit ihm vorsuchen, besonders dann, wenn der Weg von Gras oder ähnlichem gesäumt wird. Dort fällt es dem Hund wieder etwas leichter, die Wundfährte zu finden.

An den Gräsern haftet dunkler Wildbretschweiß. Da sich das beschossene Stück der Rotte angeschlossen hat, ist es schwierig, die Fährte zu halten.

Nasse Böden nehmen besser auf als trockene

Extrem schwierig sind die Nachsuchen, die das Gespann entweder über karge, ausgetrocknete Sandwege oder Äcker führen beziehungsweise durch Wälder, deren Böden mit trockenen Fichten- oder Kiefernnadeln übersät sind. Hier stößt auch der erfahrene Hund schnell an seine Grenzen, sogar dann, wenn man die Fährte gleich nach der üblichen Wartezeit von vier Stunden ausarbeitet. Der trockene Boden behält die Geheimnisse der Wundfährte für sich, ihr Duftbild ist so gut wie nicht mehr vorhanden, und es ist durchaus möglich, dass der Hund irgendwann eine Gesundfährte anfällt, weil die ursprüngliche einfach nicht zu halten ist.

Wittrung wird durch starken Wind fortgetragen

Der Wind ist ein weiteres Übel, das man leider immer einkalkulieren muss: Ist das nachzusuchende Stück Wild über eine offene Freifläche gezogen, über die der Wind fegt, trägt der Wind das bisschen Wittrung fort, was überhaupt noch zu finden gewesen wäre.

Wenn der Himmel seine Schleusen öffnet

Hält sich der Regen in Grenzen und der Niederschlag bleibt unter 15 Millimeter, ist das Ausarbeiten der Wund-

Hier ist ein Stück Rehwild mit einem Hinterlauftreffer abgesprungen – wenn man genau hinsieht entdeckt man Wildbretfetzen und Schweiß.

fährte für ein geübtes Nachsuchen-Gespann nicht allzu problematisch.

Zu einer echten Herausforderung wird die Nachsuche allerdings dann, wenn der Niederschlag 30 Millimeter und mehr gebracht hat – bei reinen Wildbrettreffern wie Brustkern- oder Laufschüssen ist die Chance, das Wild zu finden, nicht allzu groß. Hier muss ein Profi-Gespann gerufen werden, und selbst das wird Mühe haben, hier erfolgreich abzuschließen.

Hat die Kugel allerdings lebenswichtige Organe getroffen oder ist der Schütze weidewund abgekommen, sind die Aussichten auf eine erfolgreiche Nachsuche nicht schlecht – doch sie schwinden deutlich, je mehr Regen fällt. Ein junger Hund, und dazu zählen für uns alle die Hunde, die unter zwei Jahre alt sind, sollte keinesfalls für derartige Nachsuchen an den Riemen gelegt werden, hier ist eher ein Professor auf vier Beinen gefragt.

Zwei eiserne Regeln für die Nachsuchenarbeit

Trotz Regens und Drängen des Schützen:

1. Nachgesucht wird immer erst nach vier Stunden Stehzeit.
2. Es wird nie bei anbrechender Dämmerung, in der Dunkelheit oder bei Mond, auch nicht bei Vollmond, nachgesucht. Selbst dann nicht, wenn das Stück bei-

Mit tiefer Nase saugt sich der HS-Rüde auf der Wundfährte fest. Bei feuchter Witterung fällt es ihm leichter, die Fährte zu halten.

spielsweise um 18 Uhr beschossen wurde und vier Stunden später, um 22 Uhr, nachgesucht werden soll. Und es ist auch unwichtig, ob es in der Nacht regnen soll – die Gefahr, das Wild aus dem ersten Wundbett aufzumüden und es zu »verpassen«, ist viel zu groß. Vom Antragen des Fangschusses in der Dunkelheit ganz zu schweigen, selbst wenn man Wärme- oder Nachtsichttechnik einsetzen kann. Je länger das Stück Zeit hat, krank zu werden, umso besser. Und wer will schon Risiko eingehen, von einer Sau angenommen zu werden und dazu bei schlechtem Licht? Viel Spaß.

Der Herbst – meist ein guter Verbündeter

Der Erdboden ist in dieser Jahreszeit oft nass und speichert daher die Duftstoffe der Wundfährte optimal. Auch Nebelschwaden, die über dem »Tatort« liegen, tragen durch die Feuchtigkeit dazu bei, dass sich die Wittrung gut hält. Die Vegetation steht in dieser Jahreszeit meist recht hoch – hier bleiben, wie bereits beschrieben, ebenfalls Duftstoffe hängen. Alles in allem sind die Vorzeichen für eine Nachsuche gut, sofern es sich um einen typischen Altweiber-Sommer handelt.

Der Boden ist feucht und bindet daher die Wundfährte recht gut. Der BGS arbeitet sich Meter für Meter vorwärts.

Herrschen aber keine milden Temperaturen, sondern setzt stattdessen schneidende Kälte ein – ist also die Lufttemperatur niedriger als die des Boden – verliert sich das Geruchsbild der Wundfährte recht schnell, und selbst der erfahrene Hund ist entsprechend gefordert.

Nachsuchen im Schnee sind kein Kinderspiel

Schnee hat es in sich, im wahrsten Sinne des Wortes. Wir unterscheiden zwischen Pulver- und Harschschnee. Der erste Neuschnee, der ein bis zwei Zentimeter hoch liegt, isoliert die Wundfährte und hält somit ihre Wittrung. Der geübte Nachsuchenhund wird die Krankfährte ohne Probleme halten können.

Die verfestigte Schneedecke hingegen, die sich in Folge wechselnder Witterungsperioden aufgebaut hat – beispielsweise bei Tauwetter und Frost – gestaltet die Arbeit für das Nachsuchengespann extrem schwierig.

Etwas einfacher wird es, wenn das Stück Ausschuss hat. Der Schweiß hilft dem Hundeführer dabei, die Fährte zu halten. Leider haben wir aber oft, besonders bei Sauen, die Erfahrung gemacht, dass sich der Ausschuss, je mehr Meter das Stück Schwarzwild während seiner Flucht zurückgelegt hat, zusetzt. Je nach Schneebeschaffenheit und Fährtenbild, wenn die Sau beispielsweise in einer großen Rotte anwechselte, ist es dann für den Hund und den Nachsuchenführer schwierig, auf der Wundfährte zu bleiben. Häufig kommt man nicht mehr vorwärts – da helfen selbst Ehrgeiz und Passion keinen Schritt weiter.

Keine voreiligen Schlüsse

Eine weitere Besonderheit: Der Schweiß wird durch den Schnee verfälscht, wird wässrig und erscheint dadurch deutlich heller. Das erschwert die Diagnose. Hinzu kommt leider das Fehlverhalten vieler Schützen, die, ermuntert durch die weiße Pracht, vom Anschuss aus die Fluchtfährte ausgehen und das Stück Wild aufmüden.

Nachsuchen im Winter sind daher, auch wenn sie auf den ersten Blick einfach erscheinen, mit Vorsicht zu genießen.

Fuß- und Hundespuren in der Neuen

Etwas Tröstliches hat der Schnee dann aber doch. Der Schütze, der Sie schließlich mit der Nachsuche beauftragt, kann Ihnen keine Märchen mehr erzählen, denn Sie sehen genau, wie weit er der Fährte nachgegangen ist, ob er seinen Hund hat vorsuchen lassen etc. Meist werden solche Geschichten wohlweislich verschwiegen.

Häufig kreuzen Fuchsspuren die Wundfährte

Bei Weidewundschüssen machen wir übrigens oft die Erfahrung, dass Wölfe oder Füchse, die die Wundfährte kreuzen, gezielt das kranke Stück verfolgen. Wölfe reißen es, packen es am Nacken und tragen ihre Beute in Deckung. Wenn man auf eine verräterische Schleifspur trifft, heißt es: aufgepasst. Seien Sie darauf gefasst, dass der Wolf noch in der Nähe ist und schnallen Sie Ihren Hund besser nicht. Sie sind in unmittelbarer Nähe eines Riss.

TIPP Schweiß verwässert im Schnee, nimmt also eine andere Farbkonzentration an. Deshalb sollte man nie Rückschlüsse auf den Kugelsitz ziehen.

Nachsuchen auf Rehwild

Grundsätzlich wird die Nachsuche auf unsere kleinste Schalenwildart gnadenlos unterschätzt. Verantwortungsloses Handeln, insbesondere vom Schützen, sorgen in der Nachsuchenstatistik oft für den Vermerk »erfolglos«. Mit der richtigen Strategie können Sie die Nachsuche maßgeblich beeinflussen – das beginnt bei der Anschuss-Diagnose und endet mit dem Schnallen des Hundes im richtigen Moment.

Nicht zu unterschätzen

Im Vergleich zu unseren anderen in Deutschland lebenden Schalenwildarten ist die Nachsuche auf unser Rehwild extrem anspruchsvoll und schwierig. Rehwild stellt sich nicht, im Gegensatz zu unserem wehrhaften Schwarzwild. Das Reh sucht sein Heil immer in der Flucht.

Ein Stück Rehwild, das einen Treffer »mitten drauf«, auf der Leber oder weich im Gescheide hat, flüchtet bis zu 200 Meter. Bei einem Bleifrei-Geschoss kommen rund 150 Meter dazu. Das Stück geht ins Wundbett. Gibt man dann dem Wild vier Stunden Zeit, wird es in Ruhe verenden.

Immer auf der Flucht

Bei einem Krell-, Lauf-, Äser-, Drossel- oder Streifschuss, beispielsweise am Brustkern, ist das Stück immer noch äußerst mobil – selbst wenn man hier vier Stunden Ruhe verstreichen lässt. Der Hund, mit dem nachgesucht wird, muss daher nicht nur schnell sein, sondern auch die nötige Wildschärfe mitbringen, um das flüchtige Stück fassen, niederziehen und abtun zu können. Also kein Job für niederläufige Hunde – außer man führt zusätzlich einen Loshund am Riemen, der genau diese Eigenschaften mitbringt.

Doch nicht nur der ausgeprägte Fluchtinstinkt macht die Nachsuchen auf unsere kleinste, heimische Schalenwildart so schwierig, es ist auch das Territorialverhalten des Rehwilds, was eine entscheidende Rolle spielt. Das angeschweißte Reh wird sein Revier nicht verlassen – die Folge für das Nachsuchengespann: Das Stück wechselt vor und zurück, kreuzt immer wieder seine eigene Fährte und erschwert so dem Hund die Arbeit ungemein. Hinzu kommt, dass das filigrane Reh bei seiner Flucht eine sehr geringe Bodenverwundung hinterlässt.

Wann den Hund schnallen?

Wir haben die Erfahrung gemacht, dass Nachsuchenführer bei Rehwildnachsuchen dazu neigen, den Hund zu

Für die meisten Nachsuchen auf Rehwild ist der wildscharfe, schnelle Loshund neben dem erfahrenen Schweißhund ein Muss.

spät oder gar nicht zu schnallen. Kein Wunder, schließlich bekommt man das Stück oft gar nicht in Anblick, wenn es vor einem hoch wird. Selten hört man es abspringen, häufig bekommt man nur dadurch etwas mit, weil der Hund sich stärker in den Riemen legt. Unweigerlich stellt man sich dann die Frage: Ist es überhaupt das kranke Stück, oder ist es vielleicht ein gesundes? Soll ich schnallen oder nicht? Wertvolle Sekunden verstreichen, vielleicht verspielt man in diesen Augenblicken gerade die einzige Chance, die man auf dieser Suche bekommt, deshalb: Wird ein Reh aufgemüdet, sofort den Hund schnallen! Er muss bei der Hetze das kranke Stück innerhalb der ersten 100 bis 300 Meter greifen – schafft er das nicht, weil er beispielsweise auch einfach zu spät geschnallt wurde, wird es äußerst schwierig für ihn, erneut heranzukommen.

Natürlich gilt auch bei den Nachsuchen auf Rehwild die Regel: »Hund erst am letzten warmen Wundbett schnallen« – klingt in der Theorie gut, ist aber in der Praxis manchmal nur schwer durchzuhalten. Oft findet man in der Eile das Wundbett nicht, und so besteht eben doch die Gefahr, dass der Hund auf ein gesundes Reh geschnallt wird – aber dieses Risiko muss man eingehen. Die Wahrscheinlichkeit, dass der Hund das gesunde Reh greift, ist sehr gering. Allerdings kommt Ihr Hund von der Hetze ausgepowert zurück und scheidet somit für den nächsten Einsatz aus.

Rehwild kommt wieder – die Chance für den Schützen

Der Jäger sollte sich unbedingt, sofern das Nachsuchengespann das kranke Stück nicht gefunden hat, in den nächsten Tagen erneut in dem Einstand an bekannten Wechseln ansetzen – hier spielt ihm das territoriale Verhalten des Rehwilds einen Trumpf zu, den er unbedingt für sich nutzen sollte. Äsungsflächen, Kultur- und Ackerflächen etc. sind die »hot spots«, an denen er ausharren sollte.

Neugieriges Vorsuchen erschwert die Arbeit für das Gespann

Doch wie bei allen Nachsuchen entscheidet das Verhalten des Schützen nach dem Schuss oft über Erfolg oder Misserfolg. Beim Rehwild benimmt sich bedauerlicherweise ein großer Teil der Jägerschaft – so unsere Erfahrung – grob fahrlässig. Nach dem Motto: »Ist doch nur ein Reh, das bekomme ich schon irgendwie.«, wird neugierig vorgesucht, und der eigene Hund zur Freisuche geschnallt. Hält sich das beschossene Stück Rehwild in der Nähe auf oder ist sogar schon ins Wundbett gegangen, wird es in diesem Fall vom Hund zu früh aufgemüdet. Das kranke Stück mobilisiert noch einmal alle Kräfte und geht hochflüchtig ab.

Sein Hund ist für den Nachsuchenführer in diesem dichten Feldgehölz schon nicht mehr zu sehen – umso schwieriger, hier die Übersicht zu behalten.

Selbst bei einem Laufschuss lässt es den unerfahrenen Hund, egal ob Terrier, Bracke oder Vorstehhund, im Regen stehen. Der frei hetzende Hund jubelt innerlich und nimmt die Gelegenheit des »offiziellen« Ausflugs wahr, jagt und jagt, stößt auf Gesundfährten und hetzt fleißig weiter. Er stellt das komplette Territorium auf den Kopf und sorgt für viele Verleitungen, die es hinterher selbst einem Profi-Gespann erschweren, hier die Übersicht zu behalten.

TIPP Der hochläufige geschnallte Schweiß- oder Loshund muss das Reh innerhalb der ersten 100 bis 300 Meter packen. Rehwild kann seine hohe Fluchtgeschwindigkeit lange halten – im Gegensatz zu dem Hund, dem dann einfach die Puste ausgeht.

Die Körpersprache zeigt es deutlich: Ratlosigkeit bei Nachsuchenführer und Schütze während der Anschusskontrolle. An dem Feldgehölz wurde ein Rehbock beschossen.

Zur Ruhe kommen lassen

Wir haben die Erfahrung gemacht, dass die Erfolgsaussichten wesentlich besser sind, wenn das Stück zur Ruhe kommt, auch wenn teilweise in Fachbüchern immer noch geschrieben steht, dass bei Äser-, Lauf- oder Krellschüssen der Hund sofort nach dem Schuss geschnallt werden soll.

Eines ist doch ganz klar: Wäre das krankgeschossene Stück Rehwild ein Keiler oder gar ein Hirsch, würde sich kein Jäger so verantwortungslos verhalten. All diese Umstände tragen dazu bei, dass die Erfolgsquote bei Rehwildnachsuchen tatsächlich so niedrig und der Frust bei den Nachsuchenführern entsprechend hoch ist.

Verantwortungsloses Schießen

Ein weiteres in Mode gekommene Verhalten beim Jäger sorgt bei Nachsuchenführern für Kopfschütteln: Der Schuss auf den Träger. Die Gefahr, dabei den Äser zu treffen ist immens groß. In solch einem Fall wird das Reh elendig verenden, da eine erfolgreiche Nachsuche hier fast nie gelingt. All das nur, damit das Blatt nicht zerschossen wird, um noch ein paar Gramm mehr Wildbret herauszuholen. Dabei geht doch nichts über einen sauberen Blattschuss. Ist das Blatt allerdings, beispielsweise durch hoch stehendes Getreide oder Gestrüpp verdeckt, sollte man besser auf eine neue Chance warten, als einen Risiko-Schuss auf den Träger zu wagen.

Und noch ein wichtiger Punkt für Sie und Ihren Nachsuchenhund: Soll Ihr junger Gefährte noch auf eine Schweiß-Prüfung geführt werden, sollten Sie Nachsuchen auf Rehwild tunlichst vermeiden, denn hierbei lernt er nur, sich verleiten zu lassen – für die Prüfung auf der Sau- oder Rotwildfährte nicht gerade förderlich.

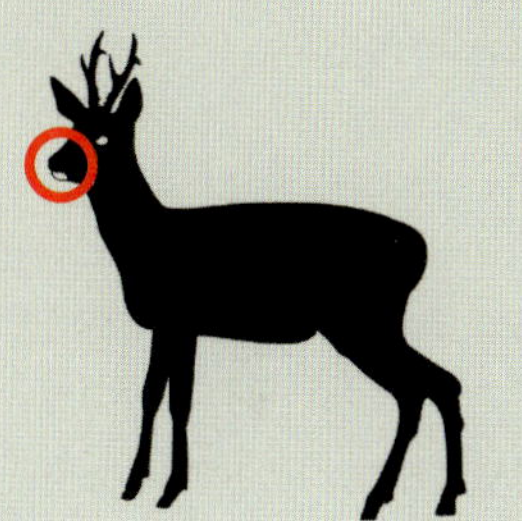

Links oben ein Stück vom Lecker, rechts oben ein Teil vom Unterkiefer und der rundrum fein gesprühte hellrote Schweiß.

Äserschuss

- **Zeichnen:** Das Stück liegt im Knall und rappelt sich wieder auf. Schüttelnde Hauptbewegungen.
- **Am Anschuss:** Zähne, Kieferknochen, Stücke vom Lecker, fein versprühter Schweiß.
- **Strategie:** Bekannte Wechsel abstellen. Der Riemenarbeiter muss ein Professor auf der Wundfährte und gleichzeitig schnell und wildscharf sein. Oder man hat einen Loshund dabei, der diesen Part übernimmt.
- **Schwierigkeitsgrad:** Note 6.
- **Besonderheiten:** Das Stück versucht den Schweiß immer wieder abzuschütteln, deshalb stößt man ab und zu auf feine Tropfen. Gelangt man in die Nähe des Wundbetts, geht das Stück Rehwild hochflüchtig ab, und die Verletzung ist kaum sichtbar. Deshalb sofort den wildscharfen Hund schnallen – in diesem Fall lieber einmal zu früh geschnallt als zu spät.

SCHWIERIGKEITSGRADE

Die Benotung der einzelnen Suchen basiert auf einwandfreiem Verhalten des Schützen nach dem Schuss, das heißt: Es wurde vier Stunden Ruhe gehalten.

Note 1 = einfach, geeignet für einen jungen Hund, mindestens acht Monate alt

Note 2 = leicht und daher ebenfalls für einen jungen Hund gut machbar

Note 3 = schon schwieriger – hier nur einen gut eingearbeiteten Hund einsetzen

Note 4 = schwierig, hier muss ein firmer Riemenarbeiter her plus schneller und wildscharfer Loshund

Note 5 = schwer, hier muss ein Vollprofi ran plus Loshund

Note 6 = sehr schwer, auch hier muss ein Profi-Gespann hinzugezogen werden, selbstverständlich nur mit Loshund

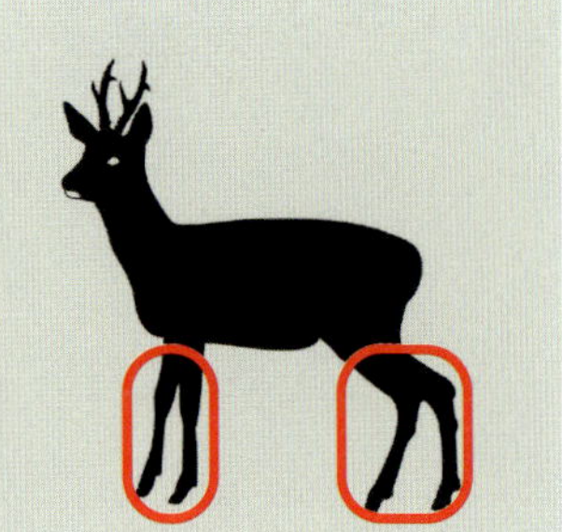

Einige Splitter vom Röhrenknochen, unten erkennt man sogar einen Teil der Gelenkkugel.

Laufschuss

- **Zeichnen:** Sitzt der Treffer weiter oben am Vorderlauf, springt das Stück hoch und hält den Lauf steif. Bei tiefem Treffersitz, schlenkert der Lauf. Bei Hinterlauftreffern verhält es sich ähnlich. Das Stück geht auf drei Läufen flüchtig ab.
- **Am Anschuss:** Kurzes Schnitthaar, Knochensplitter, Röhrenknochen, Wildbretfetzen und heller Schweiß. Bei einem hohem Hinterlauftreffer findet man größere Knochensplitter, die vom Gelenk stammen.
- **Strategie:** Sofern ausschließlich ein Lauf vom Geschoss getroffen wurde, kommt es immer zu einer Hetze. Sind beide Vorder- oder Hinterläufe durchschlagen, hat sich das Stück Rehwild weggeschleppt und ist nach wenigen Metern ins Wundbett gegangen.
- **Schwierigkeitsgrad:** Vorderlaufschuss: Note 3 bis 4, Hinterlaufschuss ohne Keule zu treffen: Note 5 bis 6.
- **Besonderheiten:** Das Nachsuchengespann trifft möglicherweise auf Tropfbetten, weil sich das angeschweißte Stück anfangs nicht unbedingt niedertut, sondern auf den drei gesunden Läufen verharrt.

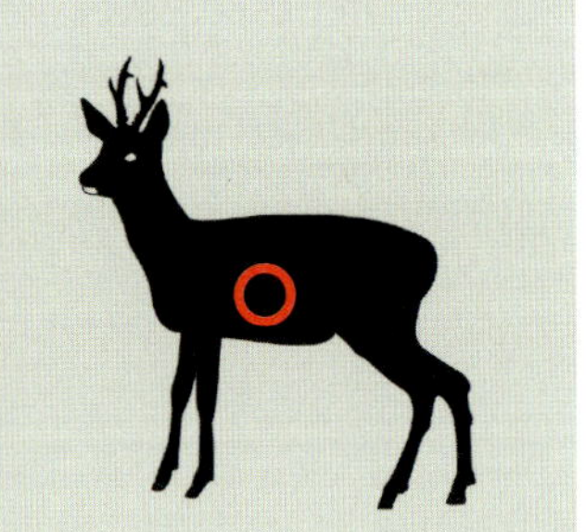

Im Moos sticht der dunkle Schweiß und die so genannte Lebergrütze hervor.

Leberschuss

- **Zeichnen:** Das Stück keilt hinten aus und geht mit gekrümmten Rücken ab.
- **Am Anschuss:** Dunkler Schweiß, Bröckchen von der Leber. Wurde auch der Pansen verletzt, findet man grünlichen Äsungsbrei.
- **Strategie:** Unbedingt krank werden lassen und erst nach vier Stunden nachsuchen. Das Gespann wird dann das Stück Rehwild in seinem Wundbett verendet finden.
- **Schwierigkeitsgrad:** Note 2 bis 3.
- **Besonderheiten:** Keine.

Der grünliche Panseninhalt vermischt mit Schweiß verrät den Weidewundtreffer.

Weidewundschuss

- **Zeichnen:** Stück keilt nach hinten aus und sackt nach wenigen Fluchten zusammen. Manchmal fällt oder hängt das Gescheide sichtbar heraus. Mit Glück geht das Stück noch in Sichtweite ins Wundbett, dann sofort einen Fangschuss antragen. Ist die Deckung nah, wird es versuchen, sie anzunehmen.
- **Am Anschuss:** Dunkler Schweiß, mit grünem Panseninhalt vermischt.
- **Strategie:** Ist ein direkter Fangschuss nicht möglich, leise abbaumen und – so schwer es fällt – vier Stunden Zeit verstreichen lassen. Dann ist das Stück durch die starken inneren Verletzungen verendet.
- **Schwierigkeitsgrad:** Note 2.
- **Besonderheiten:** In der Fährte findet man Gescheideteile.

Sehr gut im hellgrünen Gras zu sehen, der helle, blasige Lungenschweiß mit Teilen von der Lunge.

Lungenschuss

- **Zeichnen:** Das Stück steigt bei einem tiefen Treffer steil auf und flüchtet mit gesenktem Haupt. Bei hohem Treffer bricht das Stück im Feuer zusammen, wie unten in den Bildern zu sehen.
- **Am Anschuss:** Bei tiefem Treffersitz heller, blasiger Schweiß.
- **Strategie:** Kann sofort nachgesucht werden. Auf der Fluchtfährte stößt das Gespann auf viel Schweiß. Nach maximal 10 bis 200 Metern (bleifrei) ist das Stück in der Fluchtfährte zusammengebrochen.
- **Schwierigkeitsgrad:** Note 1.
- **Besonderheiten:** Keine.

Dieser hohe Treffer bannt das Schmalreh schlagartig auf den Anschuss und lässt es innerhalb von Sekunden-Bruchteilen verenden.

Das Geschoss hat das Stück Rehwild oberhalb am Rücken angekratzt. Das Ergebnis: Am Anschuss liegt Schnitthaar, hier von der Winterdecke.

Krellschuss

- **Zeichnen:** Das Stück bricht im Knall zusammen, liegt auf dem Rücken, schlegelt, kommt nach kurzer Zeit wieder auf die Läufe, taumelt anfangs etwas und geht schließlich flüchtig ab. Wenn möglich, sofort nachschießen!
- **Am Anschuss:** Hängt von der Jahreszeit ab: Im Winter findet man langes, helles Schnitthaar, das im Umkreis von einem Meter verstreut rund um den Anschuss herumliegt. Im Sommer findet man wegen des kurzen feinen Sommerhaares so gut wie nichts.
- **Strategie:** Darauf einstellen, dass es zu einer Hetze kommt. Es ist für den Hund extrem schwer, die Fährte zu halten, weil, wenn überhaupt, sehr wenig Schweiß zu finden sein wird und es viele Verleitungen gibt. Kommt man tatsächlich an das betroffene Stück, sofort den Hund schnallen! Kann er es innerhalb der nächsten zwei Minuten abtun – Waidmannsheil.
- **Schwierigkeitsgrad:** Note 6.
- **Besonderheiten:** Der Nachsuchen- oder Loshund muss schnell, ausdauernd und dazu wildscharf sein und bereits Erfahrung gemacht haben, ein Stück abzutun. Und der Nachsuchenführer darf beim Schnallen nicht zögern.

Nachsuchen auf Schwarzwild

Der Deutsch-Drahthaar stellt den Frischling und Chris nähert sich vorsichtig. Gleich wird er dem Frischling, der weidewund getroffen wurde, den Fangschuss antragen. Wie Sie Anschüsse richtig lesen können und worauf Sie bei Ihrer Nachsuche gefasst sein müssen, erfahren Sie in diesem Kapitel.

Auf dem Ansitz oder während der Drückjagd

Im Generellen muss man unterscheiden, ob ein Stück Schwarzwild auf dem Ansitz oder während einer Drückjagd krankgeschossen wird. Der Schwarzkittel, der den an der Kirrung ansitzenden Jäger anwechselt, hat in der Regel keinen Stress. Wird die Sau nicht auf dem Schild (Blatt) getroffen, sondern dahinter oder weich, flüchtet sie und geht womöglich – je nach Sitz der Kugel – bald in den Wundkessel. Wird sie in Ruhe gelassen, bleibt sie im Wundkessel und verendet. Eine Nachsuche auf diese »Ansitz-Sau« ist für einen unerfahrenen Hund erfolgsversprechender als die Nachsuche auf eine Drückjagdsau. Wenn der Schütze allerdings die kranke Sau aufmüdet, weil er mit Wärmebildgerät oder Hund die Wundfährte ausgeht, sind die Vorzeichen schlechter.

Getriebene Schwarzkittel sind im Vorfeld durch Hunde und Treiber gestresst, außerdem vollgepumpt mit Adrenalin und härter im Nehmen. Wer hat es nicht schon einmal erlebt, dass der beschossene Schwarzkittel sogar mit einem guten Treffer noch einige Meter zurücklegt. So ist es dann auch nicht weiter erstaunlich, dass die Sau bei schlechtem Kugelsitz zieht und zieht und zieht. Doch schließlich wird auch sie irgendwann in den Wundkessel gehen – allerdings ist auf der Drückjagd die Wahrscheinlichkeit groß, dass sie von einem der Stöberhunde aufgespürt und hochgemacht wird. Je nach Geschosssitz wird der Schwarzkittel sein Heil weiter in der Flucht suchen.

Vielleicht wechselt er dabei einen Schützen an, der ihm den Fangschuss antragen kann, vielleicht kann er sich aber der Schützenkette, der Treiberwehr und Hundemeute entziehen – umso schwieriger für das nachfolgende Suchengespann. Die gestresste, kranke Sau empfindet weniger Schmerz und geht daher noch weitere Wege als sonst.

Bei Druck zieht die Sau so weit es geht

Je nachdem also, wie stark der Druck auf das Stück Schwarzwild nach dem Schuss ist, wird es versuchen, so weit wie möglich zu ziehen und dabei viele Widergänge zu legen. Besonders wenn der Schwarzkittel abends,

Sauen sind durch Hunde und Treiber extrem gestresst und flüchten, auch mit einem Wirkungstreffer, so weit es geht.

Baut man zu früh zu viel Druck auf, verlässt der angeschweißte Schwarzkittel den Kessel. Besser ist es, das kranke Stück in Ruhe zu lassen. Das erleichtert dann die Nachsuche.

also auf dem Ansitz, beschossen wurde, hat er dafür ausgiebig Zeit. Er »verwischt« im wahrsten Sinne des Wortes seine Fährte, nutzt dafür Wasserläufe, Bäche, Schilfränder etc. Wurde zu früh von dem Schützen nachgesetzt und Druck aufgebaut, scheut sich das Stück Schwarzwild nicht davor – vor allem wenn sich das Szenario abends abspielt – im Schutz der Dunkelheit über Kulturflächen und Freiflächen zu wechseln. Bei Tageslicht würde es das mit Sicherheit vermeiden.

Bei anbrechendem Tageslicht schiebt sich der Schwarzkittel eher ein

Wird das Stück am Morgen krankgeschossen, steckt es sich schneller, da die Helligkeit zunimmt und damit die Gefahr des Entdecktwerdens. So haben wir es einmal erlebt, dass wir eine Sau mit Gebrechschuss bereits schon nach rund 300 Metern aufmüdeten und den Fangschuss antragen konnten – absolut ungewöhnlich und wahrscheinlich nur dem Umstand zu verdanken, dass der Schwarzkittel bei Tagesanbruch unter Feuer genommen wurde. Sonst wäre er sehr viel weiter marschiert.

Allein oder in der Rotte?

Dabei spielt natürlich auch eine Rolle, ob die Sau allein oder in der Rotte anwechselte. Ein einzeln ziehender Schwarzkittel steckt sich bei einem guten Wirkungstreffer schneller. Zog er aber in der Rotte, wird er, egal wo die Kugel sitzt, immer versuchen, Anschluss zu halten.

Im Generellen haben wir festgestellt: Entfernt sich ein beschossenes Stück Schwarzwild – ob in der Nacht oder am Tage, ob in der Rotte oder als Einzelgänger – mehr als 200 Meter vom Anschuss, und das, obwohl Ruhe gehalten wurde, ist es immer noch sehr aktiv. Die

Nachsuche wird sich entsprechend schwierig gestalten, und das heißt im Klartext fürs Gespann: Die Kugel sitzt, auch wenn der Schütze schwört gut abgekommen zu sein, nicht besonders gut.

Der Schütze muss Ruhe bewahren

Ausschlaggebend für den Erfolg der Nachsuche ist – wie immer – das Verhalten des Schützen nach dem Schuss, ob nun umgeben von einsamer Ruhe oder Treiberrufen. Wir gehen von der günstigsten Variante aus: Der Jäger findet, ohne viel Lärm zu machen, den Anschuss und untersucht ihn, ohne den Tatort zu vertreten. Er sammelt Pirschzeichen wie Schnitthaar, Knochensplitter und Gewebereste ein, damit Fuchs & Co. leer ausgehen. Außerdem verbricht der Jäger den Anschuss mit einem Papiertaschentuch oder Trassierband und merkt sich den ungefähren Zeitpunkt der Schussabgabe. Er geht die Fluchtfährte nicht aus, verkneift sich also, mit dem Wärmebildgerät oder mit seinem Hund hinterher zu suchen.

Am Abend wird nicht mehr nachgesucht

Wurde der Schuss – egal ob auf dem Ansitz oder während der Drückjagd – kurz vor dem Einbrechen der Dämmerung abgegeben, kündigen Sie Ihre Suche für den frühen Morgen bei einsetzendem Tageslicht an.
Ist der Schuss am Morgen gefallen oder, im Falle einer Drückjagd, mitten am Tag, verabreden Sie sich rund vier Stunden nach der Schussabgabe mit dem Schützen – vorausgesetzt, das Treiben ist zu Ende. Hat der Schwarzkittel einen Wirkungstreffer, ist er wahrscheinlich in der

Wird Schwarzwild beim morgendlichen Ansitz krankgeschossen, steckt es sich schneller. Es legt bei Tageslicht ungern weitere Strecken zurück, weil die Gefahr des Entdeckt-Werdens zu groß ist.

Zwischenzeit schon verendet. Dem Drängen des Schützen oder Jagdleiters, eher zu erscheinen, Stichwort Wildbretverwertung, geben Sie nicht nach. Man muss dem angeschweißten Stück unbedingt Zeit geben, krank zu werden, dann hat man ungleich bessere Chancen, es zu bekommen. Erfahrungsgemäß setzt diese Immobilität nach rund vier Stunden ein.

Der Schuss hinter den Teller

Noch ein Punkt in Sachen Wildbretverwertung: Es ist tatsächlich immer noch weit verbreitet, dem Schwarzkittel hinter den Teller zu schießen – ob auf dem Ansitz oder der Drückjagd. Dabei sollte doch hinlänglich bekannt sein, dass ein Treffer im Hirn das Wild zwar sofort tötet, die Organe aber noch voll funktionstüchtig sind. Das Herz pumpt weiter Blut durch die Gefäße und versorgt die Muskeln mit Sauerstoff – das Wildbret wird »sauer« durch diese chemischen Prozesse, die binnen Sekunden ablaufen. Außerdem besteht bei dem Schuss hinter dem Teller immer die Gefahr, nicht sauber abzukommen und einen Gebrech-, Krell- oder Hohlschuss zu fabrizieren.

Warum nicht den unspektakulären, einfacheren Schuss aufs Schild abgeben und das Wild an den Anschuss bannen? Lieber ein paar zusätzliche Gramm zerschossenes Wildbret als eine Nachsuche!

Keine langen Geschichten – der Anschuss zählt

Die Frage: »Wie hat das Stück eigentlich gezeichnet?«, ist für viele Schützen nicht so einfach zu beantworten. Nach unseren Erfahrungen können viele Jäger den tatsächlichen

Krank geschossenes Schwarzwild sucht bevorzugt Suhlen auf, um sich dort zu kühlen. Dieser Frischling wird vom Schweißhund aufgemüdet.

Ablauf nicht richtig wiedergeben. Beim Ansitz ist es von Vorteil, mit Schalldämpfer zu schießen. Dieser reduziert das Mündungsfeuer. Auch die Wärmebild- und Nachtsichttechnik hilft dabei, das Wild nach dem Schuss besser beobachten zu können. Auf der Drückjagd ist eindeutiges Zeichnen der Sauen nur selten zu beobachten – außer bei Wirbelsäulentreffern. Oder wenn man das Stück Schwarzwild so trifft, dass beide Blattschaufeln durchschlagen werden und es noch im Schuss zusammenbricht.

Zurück zur Nachsuche: Machen Sie sich direkt am Anschuss ein Bild davon, was passiert sein könnte und lassen Sie sich die zuvor eingesammelten Indizien zeigen. Sie sagen manchmal oft mehr aus als 1000 Worte, wie auch die Schaleneingriffe – sofern der Boden sie hergibt.

Verständigen Sie sich dabei leise und ruhig mit Ihrem Einweiser – es ist durchaus möglich, dass sich der krankgeschossene Schwarzkittel in der Nähe eingeschoben hat.

SCHWIERIGKEITSGRADE

Die Benotung der einzelnen Suchen basiert auf einwandfreiem Verhalten des Schützen nach dem Schuss, das heißt: Es wurde vier Stunden Ruhe gehalten.

Note 1 = einfach, geeignet für einen jungen Hund, mindestens acht Monate alt

Note 2 = leicht und daher ebenfalls für einen jungen Hund gut machbar

Note 3 = schon schwieriger – hier nur einen gut eingearbeiteten Hund einsetzen

Note 4 = schwierig, hier muss ein firmer Riemenarbeiter her plus schneller und wildscharfer Loshund

Note 5 = schwer, hier muss ein Vollprofi ran plus Loshund

Note 6 = sehr schwer, auch hier muss ein Profi-Gespann hinzugezogen werden, selbstverständlich nur mit dem Loshund

Während sich der Nachsuchenhund schon längst in den Riemen gelegt hat und links aus dem Bild zieht, begutachten die Schweißhundführer und der Schütze noch den Anschuss.

Feine Schweißspritzer – zwischen Halm und Maisblatt sieht man ein Stück vom Nasenbeinknochen.

Gebrechschuss

- **Zeichnen:** Das Stück fällt im Knall um. Wie lange es am Boden liegt, hängt davon ab, wo es am Gebrech getroffen wurde. Je weiter der Treffer hinten Richtung Lichter sitzt, umso länger bleibt es am Boden. Wird es hoch, ist es auch schon weg.
- **Am Anschuss:** Zähne, Knochen und Teile von der Zunge, flache Stücke von Nasenbein- und Nasenscheidewand, teilweise auch Fraß vermischt mit Schweiß.
- **Strategie:** Anfangs findet das Nachsuchengespann hellen, fein versprühten Schweiß. Der Wurf ist eines der am besten durchblutesten Körperteile. Bei solch einem Treffer geht die Suche über mehrere Kilometer. Der Nachsuchen-Experte bekommt von zehn Stücken maximal drei. Trotzdem muss man alles geben, weil die so getroffene Sau elendig verenden wird, sofern man sie nicht streckt.
- **Schwierigkeitsgrad:** Note 6.
- **Besonderheiten:** Nachsuche nur mit voll ausgebildeten Hund und Hetze durch den Riemenarbeiter oder den wildscharfen, schnellen Loshund. Bekannte Fern-, Zwangs- oder Rückwechsel mit ortskundigen Schützen abstellen. Die Sau muss durch den wildscharfen Hund gebunden werden, bis sich das Stück stellt. Die Gefahr, bei solch einer Nachsuche attackiert zu werden, ist sehr viel geringer, weil das Stück nicht schlagen kann. Oft hat man nur eine Chance, die Sau zu bekommen – ergreift man sie nicht, wird die Sau sich nicht wieder stellen.

Röhrenknochensplitter vom Lauf und heller Wildbretschweiß.

Laufschuss

- **Zeichnen:** Das Stück klagt auf, weil das Geschoss auf einen Knochen trifft. Es sackt, je nach Treffersitz, entsprechend im vorderen oder hinteren Bereich zusammen. Der getroffene Lauf hängt schlenkernd herunter.
- **Am Anschuss:** Knochensplitter, Röhrenknochen, Wildbretfetzen und heller Schweiß.
- **Strategie:** Sitzt der Treffer oben am Vorderlauf und hat außerdem den Brustkern gefasst, ist das Stück – sofern es in Ruhe gelassen wurde – nach 500 bis 1000 Metern in den Wundkessel gegangen. Sitzt der Treffer im unteren Bereich des Laufs, sind Strecken von drei Kilometern die Regel. Auffällig ist, dass die Sau Wege vorzieht, die glatt sind, wie beispielsweise Rückegassen, Prozessorschneisen, Spritz- beziehungsweise Treckerspuren in Getreideschlägen etc. Sie meidet Anhöhen und quert den Bach, anstatt ihn zu überfallen, weil sie den kranken Lauf schont. Bei Vorderlaufschüssen ist dieses Schon-Verhalten noch intensiver zu beobachten, da die Masse – das Hauptgewicht des Schwarzkittels – vorne sitzt. Irgendwann geht das Stück in den Wundkessel. Wird es vor dem Nachsuchenführer hoch, sofort den wildscharfen Hund schnallen. Dann sind die Chancen gut, das Stück zu bekommen.
- **Schwierigkeitsgrad:** Note 4.
- **Besonderheiten:** Der Schwarzkittel nimmt Wege an, die nicht von Hindernissen, wie umgefallenen Baumstämmen, blockiert sind.

Bei einem klassischen Wildbrettreffer findet man helle Stückchen vom Wildbret mit etwas Schweiß.

Wildbretschuss hinter den Keulen

- **Zeichnen:** Das Stück bricht hinten ein, bei getriebenen, hochflüchtigen Sauen nicht unbedingt zu sehen.
- **Am Anschuss:** Wildbret und etwas Schweiß.
- **Strategie:** Der Schweiß wird im Verlauf der Suche weniger. Verhalten ähnlich wie beim Laufschuss. Die Suche kann sich über mehrere Kilometer erstrecken, bis das Stück Schwarzwild in einen Wundkessel geht. Nutzen Sie den Überraschungsmoment, denn solch getroffene Schwarzkittel sind noch sehr agil, schließlich hat das Geschoss keine lebenswichtigen Organe verletzt. Den Hund schnallen, damit er es stellen und binden kann.
- **Schwierigkeitsgrad:** Note 3 bis 5, je nachdem, ob die Sau zwischenzeitlich, beispielsweise bei der Drückjagd, aufgemüdet wurde.
- **Besonderheiten:** Keine.

Der Morast und die zwei Hunde können die Sau – trotz des Wildbrettreffers hinter den Keulen – nicht aufhalten. Sie nimmt den Nachsuchenführer an.

Links ein Stück von der Leber, rechts Weidsackinhalt, der nach vier Stunden Stehzeit nicht mehr frisch aussieht.

Leberschuss

- **Zeichnen:** Das Stück sackt kurz zusammen und flüchtet.
- **Am Anschuss:** Dunkler Schweiß, Bröckchen von der Leber. Sind die Fetzen matschig, ausgefasert, wurden Leber und Weidsack voll getroffen. Dann findet man auch Äsungsbrei. Entdeckt man aber nur einen scharfen, dünnen Leberrand, so, als wäre er sauber abgeschnitten, wurde sie tatsächlich nur am Rande gefasst.
- **Strategie:** Je nach Deckung hat sich das Stück, sofern das Geschoss die Leber voll getroffen hat, nach 400 bis 800 Metern eingeschoben. Wurde es mindestens vier Stunden in Ruhe gelassen – ab dem Zeitpunkt der Schussabgabe gerechnet – wird es dort verenden. Ist nur der Rand der Leber getroffen und der Weidsack unversehrt, sind Fluchtentfernungen von zwei bis vier Kilometern normal. Zu Beginn der Suche findet das Gespann viel Schweiß, dann wird es immer weniger, weil Ein- und Ausschuss mit Leberteilen verstopft werden. Wenn man Schweiß findet, dann als Wischer an hohem Bewuchs. Man hat trotzdem gute Chancen, die Sau zu bekommen, weil sie in den Wundkessel geht. Sofern sie beim Eintreffen des Gespanns noch flüchten sollte: Sofort den wildscharfen Hund schnallen und die Sau stellen lassen.
- **Schwierigkeitsgrad:** Note 2 bis 3.
- **Besonderheiten:** Die Wittrung der Wundfährte ist für den Hund gut zu halten, besonders dann, wenn der Weidsack getroffen wurde.

Hellrote Pirschzeichen verraten den guten Treffer: Es handelt sich um Teile von der Lunge vermischt mit blasigem Schweiß.

Lungenschuss

- **Zeichnen:** Das Stück geht hochflüchtig ab.
- **Am Anschuss:** Heller, blasiger Schweiß, vielleicht auch kleinere Rippen-Splitter.
- **Strategie:** Dieser Schwarzkittel wird nach 40 bis 150 Metern liegen. Auf der Fluchtfährte stößt das Gespann – je nach Kaliber – auf viel Schweiß, das Stück flieht Bäume und Sträucher an. Es ist panisch, nicht »klar« im Kopf. Sollte der Schwarzkittel nach spätestens 200 Metern nicht liegen, Suche abbrechen und noch einmal den Anschuss überprüfen. Ist es wirklich ein Lungentreffer? War das Kaliber vielleicht doch zu gering? Sind Sie in diesem Fall trotzdem davon überzeugt, dass es sich um einen Lungentreffer handelt, gehen Sie auf Nummer sicher und lassen Sie vier Stunden Zeit verstreichen. Dann ist das Stück durch die starken inneren Verletzungen verendet.
- **Schwierigkeitsgrad:** Note 1. Die perfekte Ausbildungsfährte für den Junghund ab vier Monaten. Die Fährte vier Stunden nach dem Schuss stehen lassen, vor allem dann, wenn der Schwarzkittel zusammen mit einer Rotte angewechselt kam – dann steht nicht überall frische Sauenwittrung und es ist für den Azubi einfacher, die Fährte zu halten. Lässt man ihn nach dem Schuss suchen, steht überall Sauen-Wittrung, was die Suche erschwert, und – je nach Kaliber und Stärke der beschossenen Sau – ist sie vielleicht noch nicht verendet. Wird der junge unerfahrene Hund bei solch einer Aktion geschlagen, sind Probleme auf der Wundfährte programmiert. Deshalb erst dann nachsuchen, wenn man 100-prozentig von einem Lungentreffer ausgehen kann und entsprechend Zeit hat verstreichen lassen.
- **Besonderheiten:** Keine.

Dunkler Äsungsbrei am Anschuss, in der Mitte liegt ein unverdautes, gelblich schimmerndes Maiskorn.

Weidewundschuss

- **Zeichnen:** Kurzes Zusammenrucken und Auskeilen nach hinten – wenn überhaupt.
- **Am Anschuss:** Äsungsbrei.
- **Strategie:** Der Schwarzkittel wird nach wenigen Fluchten in den Wundkessel gehen. Lässt man ihn vier Stunden in Ruhe, wird man ihn verendet auffinden. Wird er allerdings vorzeitig aufgemüdet, geht die Flucht kilometerweit, da keine lebenswichtigen Organe beschädigt sind.
- **Schwierigkeitsgrad:** Note 3 beziehungsweise 5 bei vorzeitigem Aufmüden.
- **Besonderheiten:** Die Wundfährte ist durch den Äsungsbrei relativ leicht zu halten. Wurde die Sau zwischenzeitlich aufgemüdet, muss ein Profi-Gespann ran. Zieht das Stück über geläuterte, mit der Motorsäge gepflegte Flächen, bleiben an kleinen, spitzen Ästen Stücke des Gescheides hängen.

Krellschuss (Foto rechte Seite)

- **Zeichnen:** Das Stück liegt im Knall, weil das Zentrale Nervensystem für einige Sekunden oder Minuten gelähmt ist. Wenn der Treffer oberhalb der Wirbelsäule zwischen Teller und Blatt sitzt, geht das Stück mit den Hinterläufen hoch und versucht sich fortzuschieben. Dabei bleibt der Wurf am Boden, denn Haupt und Vorderläufe sind gelähmt. Sitzt der Treffer im oberen, hinteren Bereich, also in der Nähe der Nieren, ist das Stück zwar vorne mobil, aber dafür sind die Hinterläufe gelähmt. Mit dem Krellschuss rappelt es sich schließlich wieder auf, stolpert los, wird immer schneller und verschwindet von der Bildfläche, sofern man keinen zweiten tödlichen Schuss antragen kann.
- **Am Anschuss:** Schnitthaar, Federn, eventuell etwas Feist vom Rücken und sehr wenig Schweiß.
- **Strategie:** Diese Nachsuche, die sich über Kilometer erstrecken kann, ist nur etwas für einen Profi, der

Bei solch einem Anschuss ist guter Rat teuer: Feist und Schnitthaar – das Stück ist eindeutig gekrellt und wird schwer zu bekommen sein.

einen Superarbeiter am Riemen führt, der außerdem hochläufig und wildscharf ist. Ist er allerdings »nur« auf Schweiß eingeübt und für die anschließende Hetze nicht geeignet, muss ein Loshund her. Bei dem gekrellten Schwarzkittel funktionieren alle Sinne und Organe, daher ist es extrem schwierig, an das Stück heranzukommen. Gelingt es, muss der wildscharfe Hund sofort geschnallt werden, das Stück hetzen, stellen und, wenn möglich, festhalten – bei geringen Sauen durchaus zu schaffen. Das Gespann wird während der Suche auf keinen Wundkessel stoßen und sehr wenig Schweiß finden. Wenn überhaupt, sieht man ihn sporadisch, abgestrichen in Widerristhöhe des Stücks. Besonders an Einwechseln, beispielsweise an einer eingezäunten Kulturfläche, wenn sich der Schwarzkittel unterhalb des Zaunes durchgeschoben hat, kann man fündig werden. Auch im hohen Bewuchs, wie Brennnesseln, Raps, Roggen, Mais etc. ist wenig abgestrichener Schweiß zu entdecken.

- **Schwierigkeitsgrad:** Note 6.
- **Besonderheiten:** Nachsuche nur mit Schweißhund, der nicht nur hervorragend auf der Wundfährte geht, sondern auch schnell und wildscharf ist oder mit zusätzlichem Loshund.

Abfangen und Fangschuss

Hundegeläut, Rascheln in den Rapshalmen – direkt vor Ihnen der angeschweißte Frischling. Und jetzt? Abfangen oder Fangschuss geben? Wer hier unentschlossen ist, verliert wertvolle Sekunden – und wer weiß, vielleicht ergibt sich diese Situation nicht noch einmal. Umso besser, wenn Sie wissen, worauf es jetzt ankommt.

Rehwild wird fast ausschließlich abgefangen

In unserer Nachsuchenpraxis haben wir es äußerst selten erlebt, dass beim Rehwild ein Fangschuss angetragen wird. Da man bei den Nachsuchen auf unsere kleinste Schalenwildart auf einen schnellen, wildscharfen Schweißbeziehungsweise Loshund (Beihund) angewiesen ist, der das angeschweißte Stück Rehwild festhalten muss, ist hier logischerweise zu 99 Prozent das Abfangmesser die erste Wahl. Oft kommt das Stück Rehwild kurz vor dem Gespann aus dem Wundbett hoch und ist dann auch schon wieder von der Vegetation verschluckt, so schnell kann kein Mensch seine Waffe anschlagen – also Hund schnallen.

Sobald er das Stück packt, meist hört man es klagen, jetzt bitte keine Hektik und nicht gleich das Messer zücken, über Äste springen oder gar panisch durchs Unterholz stürmen, denn sonst gefährden Sie sich nur selbst. Verlassen Sie sich in dieser Situation ganz auf Ihren Hund. Er hat das flüchtige Stück Rewhild hinten am Spiegel gepackt, wird es runterziehen und versuchen über die Dünnung nach vorn an die Drossel zu greifen.

Ruhe bewahren

Greifen Sie erst nach dem Waidmesser, wenn Sie Hund und Reh sehen. Gehen Sie ruhigen Schrittes darauf zu, jetzt bloß keinen Fehler machen und besonders aufmerksam sein. Halten Sie die Klinge mit der Spitze nach oben gerichtet – dann kann Ihnen der Hund nicht ins Messer springen. Nähern Sie sich dem Reh immer von hinten – falls es doch hoch werden sollte, werden Sie nicht von ihm umgerannt. Dann behalten Sie immer den Hund beziehungsweise die zwei Hunde, sofern Sie mit Schweiß- und Loshund arbeiten, im Auge und daran denken: Messerklinge nach oben gerichtet lassen. Sind Sie direkt am Wild, die Klinge senken und beherzt hinter die Blattschaufel stoßen. Das ist die wirksamste, schnellste und für den Nachsuchenführer ungefährlichste Methode – vom Genick- oder Kälberfang halten wir nichts.

TIPP Bei Nachsuchen auf den Rehbock immer Handschuhe tragen. Falls man ihn am Haupt festhalten muss, um ihn abzufangen, reißt man sich sonst an der Perlung die Handflächen auf.

Nur für Geübte!

Das Abfangen sollte aus Gründen des Tierschutzes vor seiner Anwendung an bereits verendetem Wild gründlich erlernt werden oder besser gleich nur von einem Profi durchgeführt werden. Man verwendet dazu ein scharfes und entsprechend langes Waidmesser (Waidblatt) und stößt es hinter dem Blatt schräg nach vorn in den Brustkorb. Eine leichte Drehung mit der Klinge lässt Luft in den Brustraum strömen, wodurch die Lunge zusammmenfällt und das Wild schockartig erstickt.

Mit allen Mitteln

Falls sich doch einmal die Situation ergeben sollte, dass ein Stück Rehwild, beispielsweise mit Krellschuss, in einem Getreideschlag direkt vor Ihnen hoch wird und in der Treckerspur flüchtet, müssen Sie mit der Waffe schnell und sicher einen tödlichen Schuss anbringen – vorausgesetzt Sie haben die Hände frei, weil ein Helfer Ihren Hund am Riemen führt. Auch wenn Sie spitz von hinten auf das flüchtende Wild schießen müssen – selbstverständlich gilt das zu Recht als unwaidmännisch, doch für die Nachsuche spielt das keine Rolle, denn hier zählt nur, dass das Stück zur Strecke gebracht werden muss. Es kann und darf in solch einer oder ähnlichen Situation keine Rücksicht aufs Wildbret genommen werden, hier geht der Tierschutz ganz klar vor.

Die eben geschilderte Szene spielt sich in Bruchteilen von Sekunden ab, und es ist oft nicht zu erkennen, ob es auch wirklich das Reh ist, was nachgesucht wird. Umso besser, wenn Sie kurz vor Ihnen nach dem Wundbett Ausschau halten. Ein paar verräterische Schweißtropfen, und es ist höchste Zeit.

Bei Sauen ist die Stärke ausschlaggebend

Es hängt natürlich stark von dem Nachsuchen- oder Loshund ab, bis zu wieviel Kilogramm er halten kann. Es hat sich gezeigt, dass ein Hannoverscher Schweißhund einen 15 bis 20 Kilogramm Frischling gut packen kann.

Ob beim Stück Rehwild oder Frischling – von hinten an das Stück gehen, mit der einen Hand oben im Nacken greifen und dann die Klinge hinter das Blatt setzen.

> **ACHTUNG**
> Nur der Nachsuchenführer darf das Stück abfangen oder ihm den Fangschuss antragen – niemand anderes!

Ein kräftiger Deutsch-Drahthaar erreicht seine Grenze bei einer 30-Kilogramm-Sau. Sobald der Hund oder die Hunde am Stück Wild hart zur Sache gehen, muss in solchen Fällen immer abgefangen werden.

Alle die Stücke, die über 30 Kilogramm liegen, werden gestellt und vom Hund versucht, an den Platz zu binden. Deshalb bietet sich hier immer der Fangschuss an. Ein weiterer Vorteil des Fangschusses: Das Stück wird nicht direkt vom Menschen berührt – jetzt werden Sie sagen: »Ist doch egal, es hat sowieso schon Stress genug.« Stimmt, und trotzdem ist in unseren Augen der Fangschuss immer die bessere Lösung als das Abfangen. Logischerweise nicht auf Teufel komm raus, heißt: Wenn der Hund oder die Hunde das Wild halten, lieber abfangen, die Sicherheit der Hunde geht immer vor – das ist klar. Manchmal lässt das Umfeld auch keinen Schuss zu, beispielsweise an einer vielbefahrenen Straße.

Wind prüfen

Nachsuchenführer sind Einzelkämpfer und müssen sich auf ihre Jagdinstinkte verlassen können. Das gilt besonders dann, wenn ein schweres Stück Wild, beispiels-

Leise und zügig nähert sich Chris dem Bail. Doch der Frischling sucht Schutz in der Deckung.

weise einem Überläufer, der Fangschuss angetragen werden muss. Wird er vom Hund gestellt, ist das erste Gebot: Ruhe. Prüfen Sie den Wind und das Gelände. Von wo kommt man gut an den Bail heran? Aufgepasst, nicht über Äste laufen, die verräterisch knacken. Möglichst wenig Lärm machen – und Achtung: Auch die Kleidung verursacht beim Gehen Geräusche und beeinträchtigt wiederum das eigene Hörvermögen. Deshalb: Wenn der Hund aufhört Laut zu geben, einfach stehenbleiben und horchen, denn dann sind Hund und Sau in Gang, verschieben sich vielleicht um ein paar Meter. Ist die Stelle wieder lokalisiert, mit Bedacht weitergehen, dabei die Waffe langsam und leise durchrepetieren und sichern beziehungsweise bei Handspannung entspannen. Immer daran denken: Das, was jetzt kommt, ist kein Kinderspiel, im Gegenteil, Sie haben es mit wehrhaftem Wild zu tun. Deshalb: Nie eine Situation unterschätzen.

Auf Nachsuchen liegt die gängige Fangschussdistanz zwischen fünf und 15 Metern, je nach Vegetation. Im dichten Raps schießt man auch schon mal auf zwei Meter Entfernung.

Die erste Chance nutzen, oft gibt es keine zweite

Haben Sie eine Sau vor sich, die einen Gebrech- oder Krellschuss hat, gibt es meist nur eine Chance für den Fangschuss. Schließlich ist ihr Maschinenraum, also Herz, Lunge, Leber etc. voll funktionstüchtig und die Sau ist entsprechend fit. Deshalb: Auch wenn das Stück nicht breit steht, keine Zeit verlieren und sofort schießen, dabei natürlich nicht den Hund gefährden.

Bei starken Stücken hat es sich bewährt, vorn zu treffen. Doch Achtung! Egal, wo die Kugel aufschlägt, Ihr Hund ist vollgepumpt mit Adrenalin, wird nach dem Schuss auf die Sau zustürmen. Sitzt der Treffer zu weit hinten, geht das Stück zwar an den Keulen runter, ist aber noch voll verteidigungsbereit. Bei einem 20-Kilo-Frischling kein Drama, aber bei einem 70-Kilo-Keiler? Allein aus diesem Grund sollte man, um eine bessere Übersicht zu behalten, nie mit mehreren, gleichzeitig geschnallten Hunden ausrücken. Dann besteht die Gefahr, dass die Hunde übermütiger und unvorsichtiger sind und geschlagen werden. Zwei sind das Maximum.

ACHTUNG

Im Eifer des Gefechts, kann es passieren, dass der Nachsuchenführer beim Abfangen des Stück Schwarzwilds vom eigenen Hund gebissen wird. Der Schweißhundführer greift beim Abfangen in die Federn und der Hund versucht ebenfalls das Stück am Nacken zu packen – also aufpassen!

Ist es das kranke Stück, das sich hier verschiebt? Wohin wird es versuchen auszuweichen?

TIPP Beim Fangschuss-Geben immer auf die Hunde, auf freies Schussfeld und den Kugelfang achten. So mancher Geschosssplitter hat den einen oder anderen Hund das Leben gekostet.

Der Nachsuchenführer gibt in aller Ruhe den Fangschuss auf den Frischling, der HS wartet gehorsam im Sitz ab.

Der Schuss muss sitzen

Haben Sie die Sau mit dem Gebrech- oder Krellschuss allerdings vorbeigeschossen, wird sie alles geben, um aus dem Gefahrenbereich herauszukommen und sich nicht mehr stellen. Bekommen Sie das Stück durch Glück und Zufall auf der Suche noch einmal in Anblick, müssen Sie es sofort unter Feuer nehmen. Ein Gebrechschuss ist immer das Todesurteil, die Sau kann nicht fressen – im Winter ist der Boden gefroren, im Sommer legen Fliegen Eier in die offene Wunde und sie geht qualvoll ein.

Bei einem Krellschuss hat das Stück, sofern es in der kalten Jahreszeit beschossen wurde und nur Feist am Anschuss zu finden war, eine relativ gute Chance durchzukommen. In der warmen Jahreszeit dagegen toben sich auch hier die Maden und Fliegen in der Wunde aus, und die Sau siecht langsam dahin. Es ist übrigens ein Märchen, dass ein Stück Wild einen Treffer überlebt, weil es sich an der Stelle lecken kann. Im Sommer ist auch ihm der Tod sicher.

Ein schwer krankes Stück Schwarzwild stellt sich öfter

Hat das beschossene Stück beispielsweise einen Weidewund- oder Vorderlauftreffer, sieht das Szenario anders aus – verpasst man die sich bietende Möglichkeit, den Fangschuss anzutragen, weil die Sau beispielsweise Wind von Ihnen bekommt, wird sie sich nach der Flucht irgendwann wieder stellen – sie ist einfach zu krank. Sicher, der Hund muss weiter hetzen, Sie dürfen ebenfalls nicht locker lassen – all das kostet Kraft, Ausdauer und Disziplin. Deshalb: Nutzen Sie immer die sich bietende Gelegenheit und bringen Sie die Suche schnell, aber überlegt und besonnen zu Ende.

TIPP Wenn der Raps- oder Maisschlag um die 20 Hektar groß ist, wird sich das angeschweißte Stück Schwarzwild mit einem schweren Treffer immer stecken, sofern der Schütze nach dem Schuss Ruhe gehalten hat. Meist stellt es sich dann auf der Nachsuche im dritten Wundkessel.

Die Hunde geben im Rapsschlag heftig Standlaut. Jetzt muss der Nachsuchenführer taktisch vorgehen.

Nachsuchen auf Schwarzwild im Raps nur mit Helfer

Im fast erntereifem Raps oder im Mais hat man übrigens durchaus gute Chancen, das beschossene Stück Wild zu bekommen, weil sich dort viele Jäger nicht hineintrauen und ungern ihren eigenen Jagdhund zur Vorsuche schicken.

Der Deutsch-Drahthaar und der HS haben den Frischling gestellt, der versucht, sich zu drücken (Mitte).

Wird man dorthin zur Nachsuche bestellt, ist es günstig, einen Helfer dabei zu haben, besonders dann, wenn es durch den dichten Raps geht. Der Begleiter hält dann den Riemen fest, während sich der Nachsuchenführer durch das verknotete Halmenmeer zu seinem Schweißhund durchkämpft. Dort angekommen, packt der Hundeführer den Schweißriemen, hält ihn fest und ruft zum Helfer: »Riemen loslassen!« Dann schließt der Helfer zum Schweißhundführer auf, der übergibt den Riemen wieder zurück an den Helfer, der dort stehenbleibt, und erst dann darf der Hund weitersuchen. Der Begleiter gibt Meter für Meter des Riemens frei, so dass sich der Nachsuchenführer weiter an seinem Hund orientieren kann und immer dicht hinter ihm bleibt.

So gelingt es, dass der Hund am langen Riemen sucht, in dem Wirrwarr trotzdem nicht allein auf sich gestellt ist und auch zügig geschnallt werden kann.

Ist der Nachsuchenführer aber ohne Helfer im Raps unterwegs und lässt seinen Hund auch nur drei Meter am Riemen vorsuchen, bekommt man oft gar nicht mit, was vorne beim Hund vor sich geht, vom zähen Hinterherkommen mal abgesehen. Und bis der Schweißhundführer sich den Weg zu seinem Hund gebannt hat, verstreicht viel Zeit – und die Chance, entsprechend zu reagieren, ist unter Umständen vertan. Wer im Raps mit seinem Hund alleine loszieht, hat am Ende schlechte Karten.

Im Mais, in dem das Unkraut von Anfang an niedergespritzt wurde, behält man in den Reihen leichter den Überblick.

Die kranke Sau stellt sich früh im dichten Bewuchs

Auf den hellen Rapshalmen ist der Schweiß gut sichtbar, und so weiß man eigentlich immer recht genau, ob man auf der Wundfährte drauf ist oder nicht. Ist das der Fall und die Halme bewegen sich vor dem Hund – sofort schnallen! Im dichten Raps fühlt sich die angeschweißte Sau recht sicher, und nach einer kurzen Verfolgung wird sie sich in der Regel bereits nach 50 bis 60 Metern stellen. Sobald Sie den Standlaut hören: Kühlen Kopf bewahren und langsam, unter Beachtung der Windrichtung, dem Bail nähern.

Das ist extrem wichtig, denn im Raps muss man sehr nah an das Stück herankommen, um einen Fangschuss anzutragen, vor allem dann, wenn es sich um ein stärkeres Stück handelt. Eins ist klar: Das ist kein Job für Angsthasen. Auch wenn die Jagd von Hund und Sau im Raps hin- und hergeht, lassen Sie sich unbedingt Zeit, denn die ist auf Ihrer Seite. Durch das Gerangel zwischen Hund und Sau wird der Raps runtergedrückt und licht, denn die beiden Rivalen bewegen sich in einem Radius von maximal zwei Metern immer auf der gleichen Stelle. Es entsteht ein Loch in dem Geflecht – das muss reichen, damit Sie den Fangschuss geben können.

Immer den Wind beachten

Im Mais verhält es sich ähnlich, auch hier steckt sich die Sau bei Druck schnell. Bevorzugt zieht sie sich dann in den Unterbewuchs zurück, sofern der nicht totgespritzt wurde. Sind die Reihen aber klinisch rein, lässt sich hervorragend auf allen Vieren nach der Sau zwischen den Stängeln hindurch Ausschau halten, sofern Sie in der Nähe des Bails sind – natürlich immer unter Beachtung des Windes. Im Mais muss man zum Antragen des Fangschusses nicht ganz so dicht an das Wild heranpirschen wie im dichten Raps, weil im Mais die Übersicht einfach besser ist.

Kurze, leise Lagebesprechung im »grünen Dschungel«.

Verletzungen beim Hund

Geschickt weicht der Schweißhund dem Frischling aus. Ganz klar, Hunde, die auf der Nachsuche geschnallt werden, leben gefährlich. Doch jetzt kommt auch noch der Wolf dazu, der die Hunde lebensbedrohlich verletzt oder totbeißt. Wir geben Ihnen einen Überblick, über Verletzungen und andere Beeinträchtigungen.

Augen auf

Leider passiert es immer mal wieder, dass sich ein Hund während der Nachsuche verletzt. Meist sind es nur kleinere Bagatellschäden, aber manchmal entscheidet jede Minute über Leben und Tod. Denken Sie immer daran, dass Sie einen Hochleistungssportler am Riemen führen. Ist er krank, muss er geschont werden. Ohne Ihren Hund sind Sie arbeitslos – das sollten Sie sich immer vor Augen führen. Gönnen Sie ihm lieber einen Tag mehr Ruhe, als dass Sie ihn zu früh einsetzen und damit das Risiko eingehen, dass der Hund noch nicht »voll« da ist – das kann für ihn unter Umständen tödlich ausgehen.

Seien Sie daher immer für alle Fälle vorbereitet, und rufen Sie notfalls einen Ersatz-Nachsuchenführer an, wenn Ihr Hund nicht fit ist. Tragen Sie am Mann immer ein Erste-Hilfe-Set und fahren Sie lieber einmal zu viel zum Tierarzt als zu spät. Außerdem: Untersuchen Sie Ihren Hund nach jeder Nachsuche – spätestens zu Hause sollten Sie ihm noch einmal ein paar Minuten Zeit widmen, selbst dann, wenn er kein auffälliges Verhalten an den Tag legt.

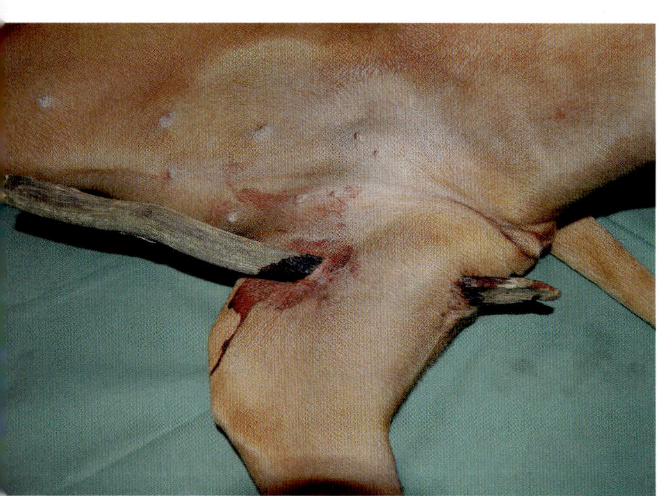

Diese Hündin hat sich einen starken Ast durch den Hinterlauf gerammt. Der Ast musste in einer mehrstündigen Operation entfernt werden.

TIPP Auch wenn es übertrieben zu sein scheint – tasten Sie Ihren Hund nach jedem Einsatz sorgfältig ab und schauen Sie ihn sich genau an, ob alles mit ihm in Ordnung ist.

Ast hineingerammt

Egal, wo der Ast sitzt, keinesfalls herausziehen! Schon gar nicht, wenn er zwischen den Rippen stecken geblieben ist. Sofort in die Praxis fahren. Hat der Stock die Lunge durchbohrt, würde sie, sofern der Stock gleich entfernt wird, zusammenfallen. Der Tierarzt wird den Hund an ein Beatmungsgerät anschließen, dann erst wird der Ast herausgezogen und die Wunde fachmännisch versorgt.

Aufgeschlitztes Augenlid

Der hochgewachsene Mais mit seinen scharfkantigen Blättern macht bei den Nachsuchen nicht nur dem Hundeführer im Gesicht zu schaffen, besonders großrahmige Hunderassen, wie zum Beispiel der Deutsch-Drahthaar, bekommen in dieser grünen Hölle ihre Probleme. Beim Ablaufen der Reihen wischen die Blätter dem Hund direkt über Nasenschwamm und Unter- und Oberlid. Die Folge für die empfindliche Augenpartie: Die dort sehr dünne Haut reißt mit der Zeit auf, und die Wunde blutet recht stark. Meist sieht es schlimmer aus, als es ist. Desinfizieren, leicht abtupfen und, sofern es die Anatomie zulässt, einen Verband anlegen.

Ist die Blutung gestillt, Luft an die Wunde kommen lassen. Andere Hunde dürfen keinesfalls die Wunde bewinden oder gar daran lecken. Mit solch einer Augenlid-Verletzung muss man auch bei der Jagd durch Schwarzdorn, Gestrüpp oder Schilf rechnen, manchmal ist auch ein Stacheldrahtzaun der Übeltäter.

Bissverletzungen

Mögliche Gegner: ein anderer Hund, ein Stück Schwarzwild oder ein Wolf (siehe Fotos Seite 86). Wird der Hund von einem Stück Schwarzwild gebissen, sehen die Verletzungen auf den ersten Blick harmlos aus. Typisch sind die tiefen, lochförmigen Verletzungen, bei denen auch die Haut abgerissen ist. Oft ist aber das darunterliegende Gewebe in Mitleidenschaft gezogen und es können sich Wundhöhlen bilden. Der bakterienhaltige Speichel und hineingekommener Schmutz verhindern den Heilungsprozess. Daher solch eine Wunde sofort gut ausspülen, desinfizieren und nicht zulassen, dass sich der Hund daran leckt (Halskrause). Häufig legt der Tierarzt eine Drainage. Sind die Löcher jedoch nicht zu tief, kann der Hundeführer hier selbst zum Tacker greifen. Der Hund ist oft noch so voller Adrenalin, dass er diesen Eingriff über sich ergehen lässt. Der Hundeführer sollte aber beim Tackern darauf achten, dass die Wunde nach unten hin offenbleibt. Dann kann die sich bildende Wundflüssigkeit herauslaufen und Luft an die Wunde kommen. Beides beschleunigt den Heilungsverlauf. Heilt die getackerte Wunde nicht, muss man mit dem Hund in die Tierarztpraxis.

Immer öfter dabei: der Wolf

Leider häufen sich die Begegnungen mit dem Wolf. Der Wolf hat das kranke oder verendete Stück »übernommen« und verteidigt es. Meist beißt er dem Hund in den Nacken und schüttelt ihn mit aller Kraft, will ihm das Genick brechen. Dabei zieht er dem Hund Haut ab. Die Wunde fällt durch glatte Kanten auf. Die sind typisch für einen Wolfsbiss (siehe Fotos S. 86)!

Heraushängende Eingeweide

Der Hund wurde in die Seite geschlagen, und die Eingeweide hängen heraus. Jetzt gibt es zwei Möglichkeiten:

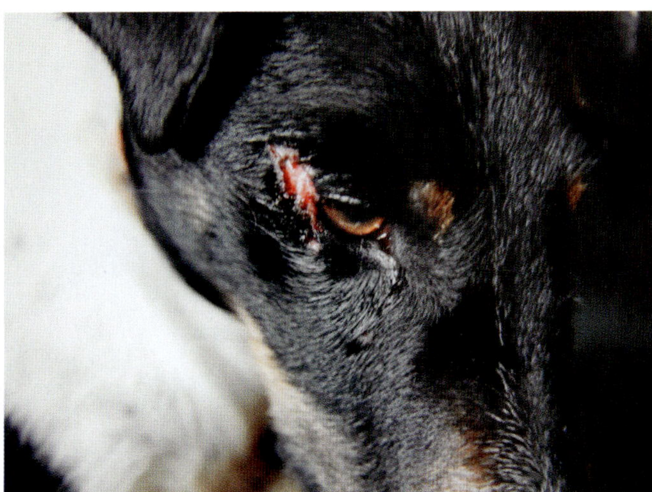

Fast ins Auge gegangen – der Stacheldrahtzaun. Die Wunde musste genäht werden.

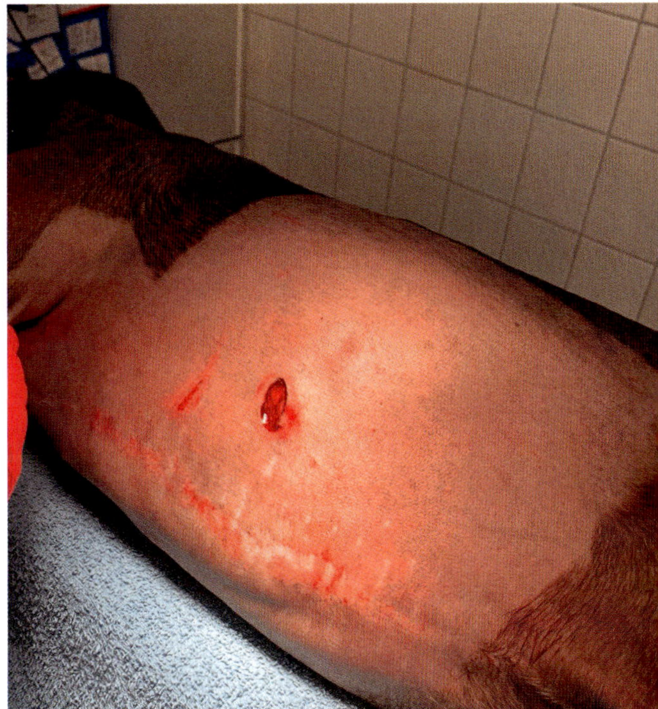

Die Hündin wurde von einem dreijährigen Keiler geschlagen. Das Loch muss genäht werden. Außerdem hat sie eine Brustkorbverletzung und eine Rippe gebrochen. Ein paar Wochen später ist die Hündin wieder im Einsatz.

HUND VOM WOLF ANGEGRIFFEN

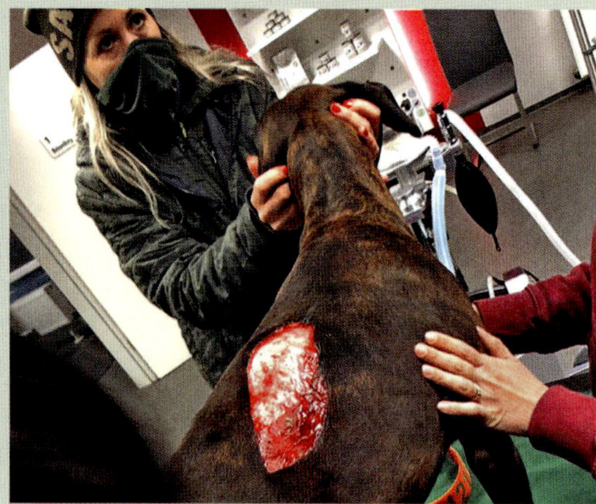

Bei der Nachsuche auf ein Stück Rehwild wird die geschnallte BGS-Hündin Aika von einem Wolf attackiert. Typisch für einen Wolfsbiss sind die Bissstellen und die glatten Kanten der Wunde.

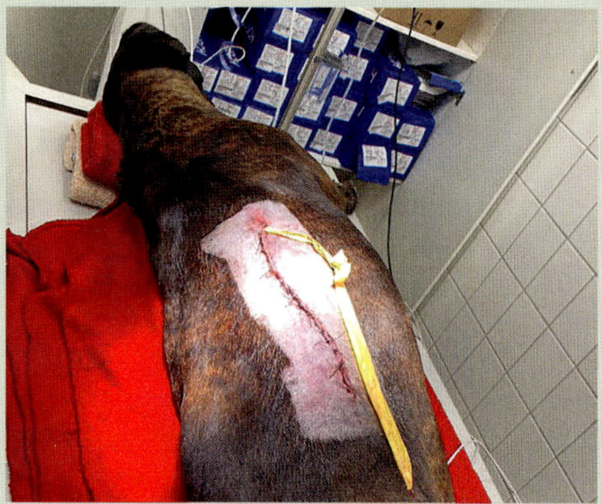

Der Tierarzt versorgt die Wunde so gut es geht. Zurück bleibt eine saubere Narbe, die Wunde ist geschlossen. Alles im grünen Bereich, oder?

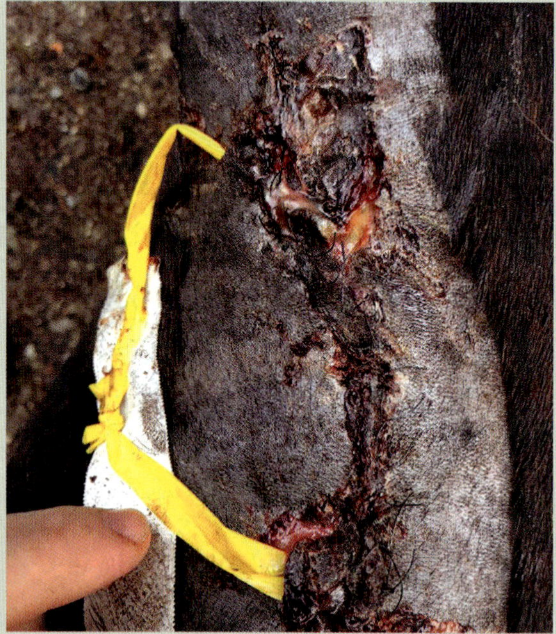

Eine Woche später sieht die Narbe so aus: Trotz der gelben Drainage, die dafür sorgt, dass Wundflüssigkeit abfließt, fault die Haut und das tote Gewebe fällt ab. Der Wolf schüttelt seine Beute so stark, dass das Gewebe um den Biss abstirbt und nicht mehr durchblutet wird.

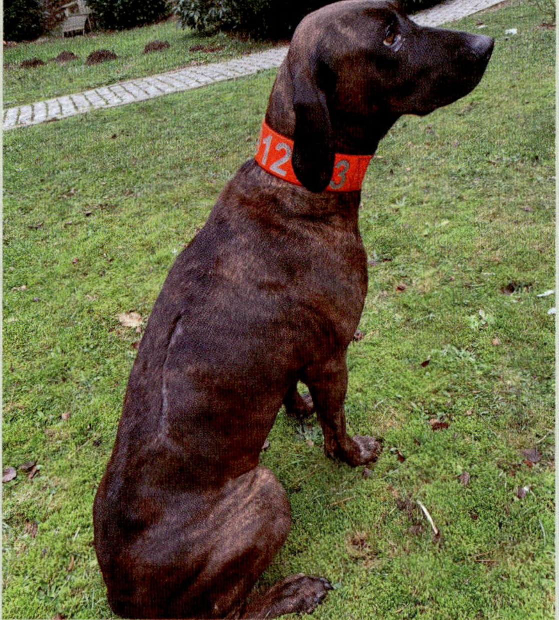

Chris schmiert die Wunde regelmäßig dick mit Bienenhonigsalbe ein. Drei Monate lang. Dann ist der Wolfsbiss endlich verheilt.

Die Eingeweide vorsichtig zurückdrücken und dabei darauf achten, dass der Hund sie nicht wieder herauspresst. Oder Hund und Wunde inklusive Gedärm mit einem sauberen, möglichst nicht fusselnden Tuch umschlagen. Auf jeden Fall schnell zum Tierarzt!

Hitzschlag

Nachsuchen bei hochsommerlichen Temperaturen im Raps oder Mais mit anschließender Hetze können dem Hund schwer zusetzen. Hunde sind sehr viel hitzeempfindlicher als wir Menschen, weil sie ihre Körpertemperatur fast nur über ihren Fang regulieren können. Ist dem Hund zu heiß, öffnet er seinen Fang und hechelt. Die Atemfrequenz kann dabei um ein vielfaches, bis zu 400 Atemzüge in der Minute, gesteigert werden. Reicht das zur Kühlung nicht aus, sucht der Hund Schattenplätze auf, legt sich bäuchlings in eine Pfütze oder nimmt einen Bach oder ein Gewässer an. Hat er jedoch keine Möglichkeit, sich selbst so zu helfen, steigt seine Körpertemperatur sehr stark und schnell an.

Der Hund wird unruhig, lässt die Zunge bei gestrecktem Hals weit heraushängen und schnappt manchmal auch nervös nach Frischluft. Jetzt spätestens wird es Zeit: Nachsuche sofort abbrechen und dem Gefährten etwas zu trinken geben und ihn mit Wasser, beispielsweise aus einem Kanister, langsam runterkühlen. Dabei bei den Läufen anfangen, dann Bauch, Brust und zuletzt den Kopf mit Wasser befeuchten. Wird der Hund bewusstlos, sofort ins Auto, Klimaanlage aufdrehen und in die Tierarzt-Praxis.

Knochensplitter im Magen

Ist der Hund jeden Tag im Einsatz, keine Knochen verfüttern. Sofern er gern Kochen zerkaut oder herunterschluckt, können einzelne Splitter oder spitze Knochenreste zur tickenden Zeitbombe werden. Bekommt der Hund einen kräftigen Schlag in die Weichteile ab, beispielsweise von einer Sau, ist es möglich, dass dabei eine noch unverdaute Knochenspitze aus dem Magen oder Darm in die Bauchhöhle sticht. Tritt dann Mageninhalt aus, kommt es zu einer Verunreinigung in der Bauchhöhle. Symptome dafür können geschwollene Hoden beziehungsweise eine geschwollene Schnalle sein. Knochensplitter im Magen können lebensgefährlich sein – auch wenn der Hund nicht die geringsten Signale zeigt.

Bei dem kleinsten Verdacht, sofort in die Tierarzt-Praxis. Der Hund muss operiert, das Loch im Magen oder Darm gefunden und geschlossen werden. Außerdem muss das Ärzte-Team den Bauchraum des Patienten ausspülen.

Magendrehung

Manchmal ist es wie verhext: Der Hund wurde gerade gefüttert, und man wird prompt zur Nachsuche gerufen. Und jetzt? Den Hund lieber öfter über den Tag verteilt mit kleinen Portionen füttern oder eben nach getaner Arbeit – wenn er Feierabend hat, also abends. Denn im Dunklen rückt das Nachsuchengespann eh nicht mehr raus. Der Verdauungsapparat beim Hund funktioniert recht langsam, was er abends frisst, scheidet er am nächsten Morgen aus.

Kommt es trotz aller Vorsichtsmaßnahmen (siehe Seite 19) doch zu einer Magendrehung, bläht sich plötzlich der Magen extrem auf. Den Hund überfällt eine Unruhe, er hat Schmerzen, verstärkten Speichelausfluss und versucht zu erbrechen – erfolglos – stattdessen würgt er. Klopft man leicht an die Bauchwand, hört sie sich wie eine Trommel an. Der Hund leidet unter Atemnot – versagt gar der Kreislauf, bewegt er sich nicht mehr. Bei den geringsten Anzeichen muss sofort der Tierarzt aufgesucht werden.

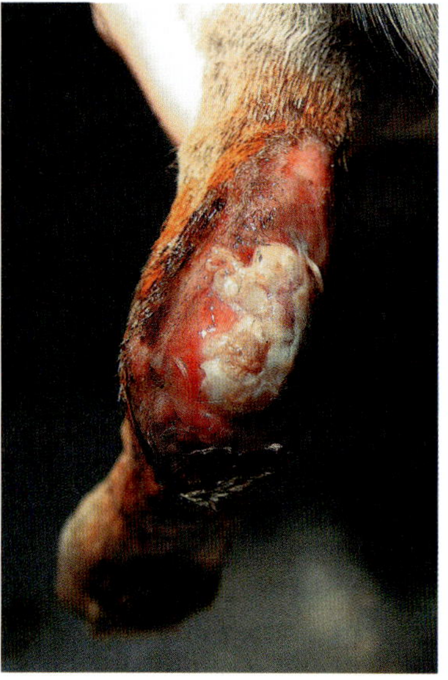

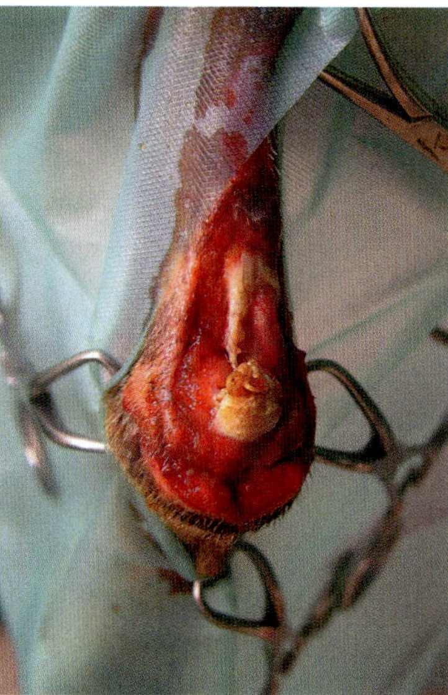

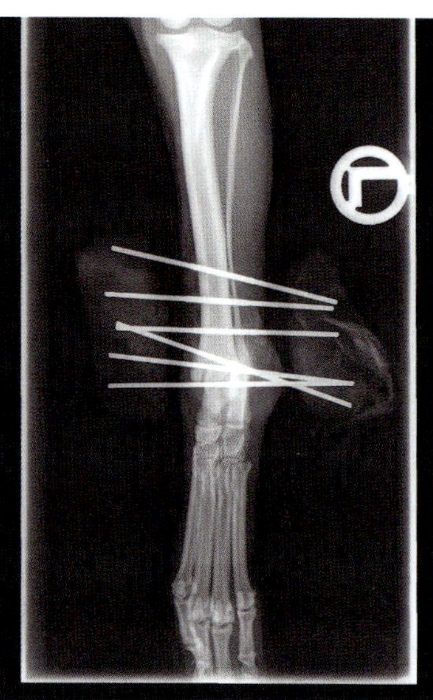

Der Terrier war mit dem Hinterlauf zwischen zwei Felsen hängen geblieben – sah auf den ersten Blick harmlos aus, war dann aber ein Fall für die Uni-Klinik Gießen. Sie rettete das Bein.

Netzhaut-Ablösung

Der Hund kneift das Auge zu und es tränt. Er lässt sich ungern daran berühren, weil diese Verletzung sehr schmerzhaft ist. Vielleicht hat er einen Fichtenzweig ins Auge bekommen? Wie auch immer: Ab zum Tierarzt. Damit es zu keiner Infektion kommt, die auch auf das zweite Auge übertgreifen könnte, muss hier sofort medikamentös behandelt werden. Der Doktor wird auch prüfen können, ob sich die Netzhaut löst.

Offene Wunde am Lauf

Steiniges Gelände, Geröll, scharfkantige Schieferfelsen – ist der Hund im Einsatz und voller Passion interessiert ihn das wenig. Daher kann es leicht passieren, dass es zu Abschürfungen an den Läufen kommt. Verläuft die Verletzung nur oberflächlich, die Wunde einfach grob vom Dreck befreien, am besten mit einer Pinzette. Anschließend desinfizieren, störende Haare am Randbereich der Wunde abschneiden und einen Schutzverband anlegen. Blutet der Hund stark aus der Wunde, Druckverband anlegen – das stoppt den Blutverlust. Allerdings daran denken, den Verband nach 20 Minuten zu lockern, weil man sonst den Lauf abschnürt. Deshalb unbedingt die Zeit stoppen.

Die Wunde dann nur so lang wie nötig abgedeckt lassen, weil sie am besten an der Luft heilt. An die Halskrause für den Hund denken, damit er sich an der Verletzung nicht lecken kann – sofern er nicht unter Aufsicht ist. Ist die Wunde tiefer und es wurden Sehnen beschädigt – ab in die Klinik!

Risswunden in den Behängen

Gut daran zu erkennen, dass sich der Hund schüttelt, besonders dann, wenn Blut in den Gehörkanal fließt. Die Wunde desinfizieren und die Blutung mit Hilfe einer Kompresse abdecken. Anschließend einen Schutzverband in Achter-Schwingen, auch um den gesunden Behang, anlegen, damit er gut hält. Ist der Riss länger, die Tierarztpraxis aufsuchen. Dann muss der Schmiss am Behang wahrscheinlich genäht werden. Da dies sehr schmerzhaft ist, sollte der Hundeführer nicht selbst tackern – diese Prozedur lieber dem Profi, also dem Doktor, überlassen. Er wird den Hund für diesen Eingriff narkotisieren.

Schock

Der Hund prallt mit einer stärkeren Sau oder einem Auto zusammen – in dieser Situation die Nerven behalten! Nach dem Zusammenstoß ist der Hund schwach, teilnahmslos, apathisch oder liegt sogar bewegungslos auf dem Boden. Vielleicht blutet er auch zusätzlich stark aus einer oder mehreren Wunden. Möglich, dass er sich erbricht, oder, bei einem schweren Schockzustand, sofort bewusstlos ist. Die Hauttemperatur geht runter, die Schleimhäute, also Zunge und Zahnfleich sind blass bis bläulich verfärbt. Der Hund atmet schnell und oberflächlich, hat eine erhöhte Herzfrequenz.

Schnell den Hund auf die Seite drehen, möglichst auf eine wärmende Rettungsdecke. Kopf des Hundes strecken und die Zunge hervorziehen, damit er frei atmen kann, eventuell Erbrochenes entfernen. Den Hund unbedingt warm halten, am besten mit der Rettungswärmedecke oder mit der eigenen Jacke. Die Blutungen mit Kompressen stoppen und mit Vollgas zum Tierarzt, es geht um Leben und Tod!

Sonnenstich

Bei intensiver Sonnenstrahlung auf Haupt und Nacken kann es zu einer Wärmestauung im Gehirn kommen – dadurch wird die Blutzirkulation gemindert. Der Hund ist schlapp und wirkt apathisch. Erste Hilfe-Maßnahmen wie beim Hitzschlag.

Stichverletzung im Hals- oder Brustkorbbereich

Bei Nachsuchen auf den Rehbock kann es, sofern es dem Hund gelingt, ihn zu packen, zu Stichverletzungen kommen. Der Bock setzt sein Gehörn ein, um den Verfolger abzuwehren und auf Abstand zu halten – dieser Fall tritt zwar selten ein, aber es passiert. Untersuchen Sie daher Ihren Hund nach solch einem Einsatz penibel nach kleinen Verletzungen ab, vor allem im Hals- und Brustkorbbereich. Finden Sie einen Einstich, die Wunde reinigen und sauber halten. Der Hund darf sich keinesfalls daran lecken, weil sonst Keimen freier Zutritt gewährt wird und sich das Ganze dann entzündet. Deshalb Halskrause oder Verband anlegen. Die Wunde sollte, sofern sie nicht zu tief ist, getackert werden.

Klafft aber im Brustkorb ein offenes Loch, kann in den mit Unterdruck versehenen Brustkorb Luft einströmen. Die Lunge fällt zusammen, und Ihr Hund stirbt, sofern beide Lungenflügel betroffen sind. Deshalb das Loch sofort mit luftdichtem Material, beispielsweise einer Plastiktüte, zustopfen und abdecken. Ist der Stich nicht zu groß, den Finger hineinstecken, Hund auf den Arm und sofort zum Tierarzt fahren lassen. Hier zählt jede Sekunde. Solch eine schwere Verletzung kann sich der Hund übrigens auch im Nahkampf mit einem Keiler oder Rothirsch zuziehen. Wichtig ist, dass Sie in solch einem Fall die Übersicht behalten.

Tetanus

Wundstarrkrampf kommt bei Hunden selten vor. Deshalb hat mancher Tierarzt Probleme, Tetanus zu erkennen. Dabei zählt jede Stunde! Infizieren kann sich der Hund über eine Schürfwunde, einen Dornenstich, eine verletzte Kralle, einen eitrigen Zahn, beim Zahnwechsel (Welpe!) etc. Die Tetanus-Bakterien produzieren Giftstoffe, die über die Nervenbahnen ins Rückenmark und Gehirn wandern. Der Hund wird schwach, unruhig und bewegt sich steif. Jetzt sofort zum Tierarzt! Sonst kommt es zu Lähmungen und Muskelkrämpfen. Typisch bei schwerem Verlauf sind: Dackelfalten, merkwürdig abstehende Behänge und eine bucklige Haltung. Der Hund behält Futter und Wasser nicht bei sich, spuckt es aus. Es folgen Atembeschwerden und Kiefersperre. Der Hund reagiert schreckhaft auf Licht und Geräusche, krampft. Wer jetzt zum Tierarzt fährt, kommt zu spät. Deshalb: Augen auf bei Verletzungen, auch wenn es sich »nur« um einen kleinen Kratzer handelt. Gründlich desinfizieren und, wenn es nicht besser wird, Antibiotikum geben.

Vorbereitet sein und schnell reagieren

Jeder Hundeführer sollte immer ein Erste-Hilfe-Set griffbereit dabei oder im Auto liegen haben. Manchmal unterschätzt man die eine oder andere Situation – umso besser, wenn man dann sofort reagieren kann. Bei kleineren Verletzungen immer den Hund direkt vor Ort verarzten, damit es nicht zu einer Infektion kommen kann. Hier hat die Versorgung des Jagdgefährten immer Vorrang – egal, wohin das Gespann an dem Tag noch abrücken muss.

Leichte Verletzungen sollten sofort vor Ort im Revier versorgt werden. Der Deutsch-Drahthaar lässt die Erste Hilfe geduldig über sich ergehen.

ERSTE-HILFE-SET

- Pinzette mit schmaler abgerundeter Spitze zum Entfernen von Dreck, Fremdkörpern oder Dornen;
- Schere, leicht gebogen, abgerundete Spitze zum Zurechtschneiden von Mullbinden oder Heftpflaster und zum Abschneiden von Haaren um Wundränder;
- Cold-Hot-Pack (wiederverwendbar) zum Behandeln von strapazierten Gelenken und Muskeln;
- Mullbinden, zwei bis fünf Stück, in einer Breite von vier und acht Zentimetern;
- Wattetupfer aus 100 Prozent Baumwolle, steril;
- Heftpflaster: 2,5 bis sechs Zentimeter breit, die selbst zurechtgeschnitten werden können;
- Alflex: elastischer und selbstklebender Verband, gibt es direkt beim Tierarzt;
- Desinfektionsmittel, möglichst nicht brennend;
- Rettungswärmedecke (alubedampfte Polyesterfolie);
- Plastiktüte (zum Stopfen von Löchern);
- Tacker (leichte Verletzungen selbst tackern), gibt es beim Tierarzt oder in der Apotheke.

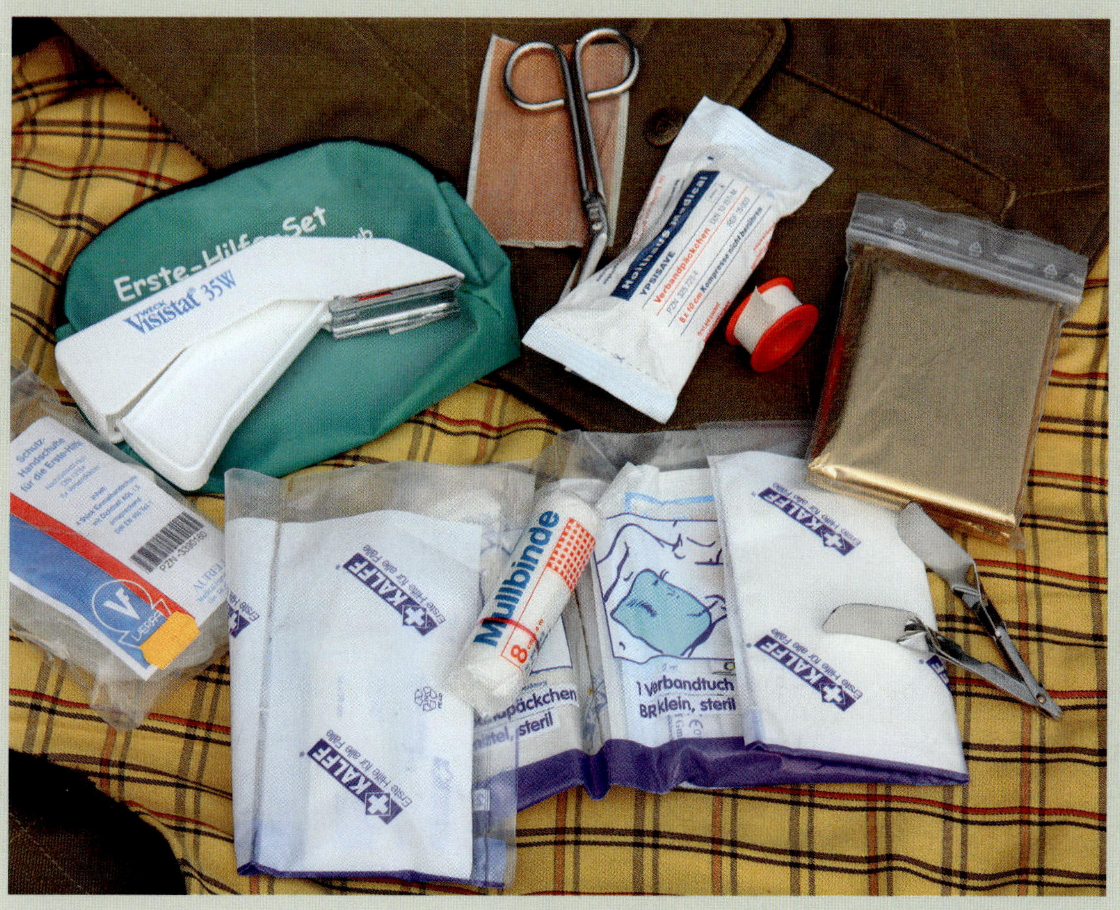

Die Ausrüstung für das Gespann

Startklar für den Einsatz: Die Hunde springen aufgeregt um das Auto herum. Sie tragen schon ihre Signalhalsungen und die GPS-Sender. Die Nachsuchenführer sind auch gleich soweit. Wie gut, dass sich in Sachen Ausrüstung in den letzten Jahren viel getan hat – wir sagen Ihnen, auf was Sie alles Wert legen sollten.

Jeder Hund ist in seiner eigenen Kiste untergebracht, auch der Loshund, der Deutsch-Drahthaar..

Der Jagdspaniel fällt durch die orangefarbene Weste auf – und das ist gut so. Außerdem ist sie aus robustem Cordura-Material gefertigt. Das soll den Hund vor Sauenattacken schützen.

Gut gerüstet ist halb gewonnen

Beginnen wir mit dem Wichtigsten, was der Nachsuchenführer hat – seinem Kapital, dem Schweiß- und/oder Loshund. Beim Kauf der Ausrüstung für diese zwei Gefährten sollte keinesfalls gespart werden, das Beste, was der Markt zu bieten hat, ist gerade gut genug – egal ob es sich um den Schweißriemen, das GPS-Gerät oder die Schutzweste handelt.

Der Schweißriemen

Für uns hat sich der BioThane Schweißriemen von der Firma Rüdemeister (ruedemeister.de) bewährt. Er ist aus orangefarbenen Kunststoffmaterial gefertigt und läuft hervorragend durch Dornen und Gestrüpp. Er bleibt weher hängen noch hakt er sich fest Der Kunststoff lässt Nässe abtropfen – er nimmt keine Feuchtigkeit auf und bleibt immer schön leicht. Der anders farbige zwei Meter lange Abschluss mit einer kleinen Erhebung signalisiert dem Schweißhundführer, dass der Riemen Richtung Ende läuft.

Das Suchengeschirr

Wer seinen Hund mit einem Geschirr nachsuchen lassen will, sollte darauf achten, dass es leicht ist, und wenn möglich, von unten gut abgesteppt ist. Es sollte gut sitzen, dabei den Hund in seiner Bewegungsfreiheit jedoch nicht einschränken. Wichtig ist außerdem, dass es aus weichem, aber robusten Material gefertigt ist und nicht einschneidet, sobald sich der Hund in den Riemen legt. Es sollte farblich auffallen, also rot, blau, orange oder gelb sein. Außerdem sollte man darauf achten, dass an dem Nachsuchengeschirr ein Schnellverschluss angebracht ist, der sich blitzschnell öffnen lässt. Denn wenn man den Hund zur Hatz schnallen muss, zählt jede Sekunde.

Reflektorstreifen am Geschirr sorgen dafür, dass der Hund auch bei schwummrigem Licht im Autoscheinwerferlicht gut zu erkennen ist, besonders wichtig bei der Kontrollsuche auf angefahrenes Wild im Straßenbereich.

Die Halsung für den Schweißhund

Die Halsung besteht, wie der lange Schweißriemen, ebenfalls aus Kunststoff. Früher banden wir unseren Schweißhunden die Lederhalsung um. Aber die wird bei Nässe schwer und bei Trockenheit brüchig.

Signalhalsband mit Mobilnummer des Nachsuchenführers und das gesonderte GPS-Halsband sind ein »Muss« für jeden Hund im Team, unabhängig davon, für welche Mission er eingesetzt wird. Die Signalhalsung darf gern etwas lockerer sitzen, im Gegensatz zum Sender-Halsband, das straff angelegt werden sollte.

Die Schutzweste

Wir schwören auf die Hundewesten von www.hunde-navi.de. Sie sind extrem reißfest und schützen den Hund mit ihrem stoß- und stichfestem Polymergewebe vor Keilergewaff oder Bockgehörn. Brust, Hals, Bauch, Rippen und Rückenpartie sind mit diesem robusten Material umschlagen – für Bewegungsfreiheit und Elastizität sorgt das am Rücken eingenähte breite Gummiband. An den Seiten sind Reflektorstreifen eingelassen, inzwischen gibt es die Westen auch in hellblau.

Die Schutzwesten werden dem Hund für optimalen Sitz auf Maß von hunde-navi.de angepasst. Wenn man einen scharfen Loshund führt, sollte man ihn nie ohne diese Rüstung schnallen

Wer keinen Loshund für die Hetze hat und immer seinen Nachsuchenhund schnallen muss, sollte keinesfalls auf solch eine Schutzweste verzichten – sie kann lebensrettend sein.

Kontaktfreudig: Die Halsung mit dem GPS Gerät muss fest um den Hals liegen, darf aber nicht einschnüren.

Selbst bei heißen Außentemperaturen sollte der Hund seine »Arbeitskleidung« tragen. Damit sich der Hund nicht zu schnell aufheizt, einfach auf folgenden Trick zurückgreifen: Erst die Weste in kaltes Wasser tauchen und dann anlegen. Das Wasser wird über Haut und Haar des Hundes verdunstet und sorgt so für eine angenehme Kühlung.

Der Deutsch-Drahthaar wartet geduldig. Erst wenn er »verkabelt« ist, geht's los.

Auffallen, ja bitte: Die Farben orange und gelb sind Trumpf, inzwischen hält auch die Farbe blau immer stärker Einzug.

Die Halsung und Führleine für den Loshund

Die Halsung aus Nylonmaterial, an dem der Riemen befestigt ist, muss schnell zu lösen sein, entweder per Clip oder durch Ziehen über den Kopf. Die Führleine sollte aus robustem Garn gefertigt sein, versehen mit gut zu greifenden Gummi-Einlagen und Noppen, dann kann man sie sehr gut handhaben, selbst wenn sie nass ist (Niggeloh).

Das GPS-Gerät

Ohne solch ein Gerät läuft bei uns keine Nachsuche mehr. Idealerweise werden beide, Schweiß- und Loshund, mit jeweils einem GPS-Sender ausgerüstet. Sind die Hunde geschnallt, kann man sie hervorragend orten und zielgenau die Position angehen. Musste man früher auf sein Gehör vertrauen und natürlich auch dem Standlaut der Hunde, hat man es Dank des Telemetriegeräts jetzt wesentlich einfacher. Egal, wie stark der Wind weht, der Regen prasselt oder ob die Hunde anhaltend Laut geben oder nicht, man kann die Position der Hunde immer ausmachen – vorausgesetzt, die Akkus sind aufgeladen. Außerdem wird auf dem Empfängergerät der Bewegungsradius aufgezeigt, und man weiß einzuschätzen, ob die Hetze noch in vollem Gange ist oder ob es zum Abschluss kommt.

Bei Nachsuchen, beispielsweise auf Schwarzwild mit Lauf-, Gebrech- oder Krellschüssen, bei denen der Hund Wild stellen und binden muss, damit der Nachsuchenführer nachrücken kann, ist solch ein Gerät wirklich Gold wert. Doch wo viel Licht ist, ist auch viel Schatten.

Da man den Hund ständig verfolgen kann, vergrößert sich dessen Aktionsradius, weil der Hund spürt, dass sein »Chef« in der Nähe ist. Die Folge: Der Hund setzt ständig weiter nach. Der Hundeführer bleibt dran, will schließlich die Chance nutzen, die Nachsuche schnell zu beenden. Doch manchmal gelingt es nicht, man verpasst sich – läuft der Nachsuchenführer die Schneise hoch, überfallen Sau und Hund gerade in dem Moment diese Schneise in seinem Rücken. Der Hund jagt und jagt, die Hetzen erstrecken sich über eine Länge von acht, neun, zehn Kilometern. Und der Hund verlernt, sich auf seiner eigenen Spur zurückzuorientieren, weil sein Nachsuchenfüher ja wie aus dem Nichts plötzlich vor ihm auftaucht.

Die Nutzung des GPS-Geräts ist auch kein Freibrief dafür, seinen Hund auf einen bloßen Verdacht hin zu schnallen, frei nach dem Motto: »Ich lass ihn mal ein bisschen jagen, mal schauen was passiert, ich hab' ihn ja ständig unter Kontrolle.«

Bei uns ist derzeit unter anderem das Garmin Astro Hundepeil-System 320 im Einsatz. Es ist ein etwas älteres Modell, dafür aber sehr benutzerfreundlich und ausgestattet mit Akkus, die lange halten. Immer daran denken, sie rechtzeitig aufzuladen und Ersatz-Akkus dabei zu haben

Die Wärmedecke

Wir verlangen von unseren Hunden permanent alles. Da sie so robust scheinen, rücken Vorkehrungen, die die Gesundheit betreffen, leider manchmal in den Hintergrund – meist aus Nachlässigkeit. Aber: Nehmen Sie sich die Zeit für Ihren Nachsuchen-Gefährten, achten Sie immer darauf, dass er nach seinem Einsatz ins Trockene und bei kalten Temperaturen ins Warme kommt.

Es gibt speziell wärmende Hundedecken, die man immer im Auto griffbereit liegen haben sollte. Wie auch ein Frotteehandtuch, mit dem man die Hunde trockenreibt. Vorsorge ist besser als ein späterer Tierarztbesuch.

Gehört inzwischen zur Standardausrüstung für den Schweißhund: der GPS Tracker.

Nach dem Einsatz schlüpft Falco in die kuschelige Wärmedecke. Er fühlt sich sichtlich wohl. Jetzt schnell in die Box.

Das Schilf ist dicht wie ein Dschungel und es nieselt leicht. Die orangefarbene Jacke ist wie eine Lebensversicherung.

Kleidung sollte universell ausgelegt sein

Es gibt sie nicht, die perfekte Ausrüstung für den Nachsuchenführer. Zu unterschiedlich sind die jeweiligen Rahmen- und Wetterbedingungen.

Klar, dass die Kleidung für die Nachsuchenführer leicht, strapazierfähig, reißfest und auf größere Entfernung sichtbar sein muss, deshalb beim Kauf unbedingt auf Signalfarben achten. Im Generellen lieber Jacke und Hose eine Nummer zu groß aussuchen, damit man in der kalten Jahreszeit einfach einen Pullover oder eine lange Unterhose mehr darunter anziehen kann. Für uns hat sich das Zwiebelschalenprinzip bewährt. Wichtig ist außerdem, dass man eine Garnitur Wechselkleidung im Auto parat hat, von den Socken und Stiefeln übers T-Shirt und Hemd bis hin zur Kopfbedeckung.

TIPP Jacke und Hose immer lieber eine Nummer größer kaufen. In der kühleren Jahreszeit können Sie dann problemlos einen warmen Pullover beziehungsweise eine dicke Unterhose darunter anziehen.

Apropos Stiefel: Bei uns in Schleswig-Holstein und Mecklenburg-Vorpommern sind die Wälder durchzogen von unzähligen Mooren und Seen, deshalb haben wir auch immer ein Paar Gummistiefel dabei. In den Bergen, zum Beispiel im Allgäu, kann man darauf gut verzichten, sie sind in steilem Gelände eine Fehlbesetzung, geben dem Fuß zu wenig Halt, und zur gelegentlichen Bachüberquerung tut es dann auch der wasserabweisende Trekkingstiefel.

Der Anspruch an die Kleidung des Nachsuchenteams ist hoch. Sie soll warm, atmungsaktiv, wasserdicht und reißfest sein, aber auch angenehm zu tragen sein.

Die Jacke für jedes Wetter

Für uns ist die Nachsuchenjacke in signalorange von HART seit langem die erste Wahl. Sie ist großzügig geschnitten und sorgt so für optimale Bewegungsfreiheit. Außerdem hält sie Regen ab und hat einen langen, hohen Kragen, den man per Gummizug fixieren kann, damit keine Fichtenstreu und kein Schnee hineingelangt, wenn man beispielsweise durch die Dickung kriecht. Das gleiche gilt für die Ärmel-Enden, auch hier sorgen Gummizüge dafür, dass am Handgelenk nichts hindurchgeht. Die Jacke hat praktische, große Taschen, in denen Patronen, Verbandspäckchen, Handschuhe und Gehörschutz ihren Platz finden. Außerdem gibt es eine separate Handy-Tasche und eine fürs GPS-Empfangsgerät.

Inzwischen gibt es die HART Nachsuchenjacke mit Verstärkungen an Schulter und Ellenbogen. Eingelassene Belüftungsschlitze sorgen für ein gutes Innenklima. Reflektorstreifen sind ebenfalls angebracht. Bei den neueren Modellen gibt es einen auffällig gelben Kragen. Die HART Nachsuchenjacke ist extrem robust und geht auch im Schwarzdorn nicht kaputt. Sie ist wasser- und winddicht.

Die Hose bei milden bis warmen Temperaturen

Passend zur HART Jacke gibt es auch die Nachsuchenhose, die die gleichen Vorzüge wie die Jacke hat. Im Frühjahr und Sommer ist aber eine orangefarbene Latzhose mit Gore-tex völlig ausreichend. Sie kann man in jedem Raiffeisenmarkt kaufen kann. Die Hose ist schnell an- und ausgezogen und mit einer langen Unterhose darunter auch warm genug, selbst wenn der Morgen mal ein bisschen frisch ist. Natürlich hat sie weder Schlagschutz noch gepolsterte Kniepartien, ist dafür aber leicht und angenehm zu tragen und eine wirklich preiswerte Lösung.

Hitze, Wild verfolgen, durch den Mais laufen, all das heizt den Körper auf – mit einer robusten High-Tech-Hose, die an den Oberschenkelarterien eine zusätzliche Schicht an Schutzmaterial aufweist, dazu abgesteppt und dreifach genäht ist und entsprechend mit Gewicht Eindruck macht, kann solch ein Einsatz schnell zur Qual werden. Wird solch eine Hose dann noch nass, ist sie elend schwer und braucht fürs Trocknen zwei Tage – im Gegensatz zu der dünnen, pflegeleichten Latzhose.

Chris trägt keine Gummistiefel, deshalb sind nasse Füße an der Tagesordnung. Gummistiefel geben ihm nicht genügend Halt und außerdem kann er damit schlecht längere Strecken laufen. Deshalb hat er immer ein weiteres Paar Pirschstiefel, Socken und Hosen in seinem Auto.

Bei Regen

Eine wasserdichte, leichte Hose, die zudem nicht reißt, wenn man in den Dornen hängen bleibt, haben wir noch nicht gefunden. Wachshosen halten zwar viel Wasser ab, sind aber meist recht schwer und saugen sich irgendwann voll. Deshalb greifen wir beim Einsatz im Regen bevorzugt auf die normale Gummihose zurück, die es beispielsweise im Angelladen zu kaufen gibt. Einfach über die Latzhose gezogen, fertig. Allerdings wird es problematisch, sobald die Suche durch Schwarzdorn oder anderes dichtes Gestrüpp geht – bleibt man hängen, kann es mitunter passieren, dass das Gummi reißt. Das Gleiche geschieht übrigens auch mit der Hose aus Flexothane. Weiterer Nachteil: Ist es schwül, schwitzt man unter dem Zeug wie ein Wahnsinniger. Weil es die optimale Anzieh-Lösung für Regen kombiniert mit einer Nachsuche durch Schwarzdorn leider noch nicht gibt, ist Improvisieren angesagt. Wir haben auch schon mit Neoprenanzug nachgesucht – doch der ist nicht besonders widerstandsfähig, und sobald die Sonne herauskommt, gerät man ins Schwitzen.

Die Winterhose

Die Iron Tech-Hose von HART und die Pfanner-Nachsuchenhose sind unsere Favoriten für kühle Herbst- und kalte Wintertage. Angenehm sind bei der Pfanner-Nachsuchenhose die eingelassenen Kniepolster – muss man das eine oder andere Mal auf allen Vieren durch eine Dickung krabbeln oder unter einen Zaun hindurchkriechen, ist diese Zusatzausstattung sehr komfortabel. Die Hose schützt zuverlässig gegen Dornen und ist extrem strapazierfähig. Sie ist jedoch relativ dick, deshalb scheidet sie für den Frühling und Sommer aus – im Gegensatz zu der Iron Tech, die aus etwas leichterem Stoff gearbeitet ist.

Die Handschuhe

Früher haben wir uns Motorsägen-Handschuhe von Dolmar übergestülpt. Jetzt gibt's was besseres, die Feuerwehr-Handschuhe Cranberg 500. Die halten ewig. Sie liegen eng an und sind angenehm zu tragen.

Der Riemen läuft permanent durch den linken Handschuh, entsprechend wird das Material dort stark verschlissen.

Weiterer Pluspunkt: Man kommt nicht so schnell ins Schwitzen, selbst wenn es warm ist. Noch ein Vorteil: Trotz der verstärkten Kunststoffpartien an der Handinnenfläche kann man mit ihnen sehr gut greifen und den Nachsuchenriemen sicher führen. Und das Beste daran: Der Kunststoff scheuert nicht durch. Dieses Problem hat man übrigens immer bei Lederhandschuhen.

Warum überhaupt Handschuhe? Wenn man einen Teckel am Riemen führt, könnte man vielleicht darauf verzichten, aber sobald Sie einen Kameraden um die 20 Kilogramm am Riemen haben, der zwischendurch richtig Fahrt aufnimmt und den Riemen beschleunigt über ihre Handfläche zischen lässt, werden Sie ohne Handschuhe nicht mehr losziehen. Außerdem sind die Handschuhe Gold wert, wenn Sie sich durch Dornen Ihren Weg bannen müssen, der Riemen sich um Bäume oder Gestrüpp wickelt und man ihn ohne sich wehzutun lösen kann. Auch das Antragen des Fangschusses – vom Repetieren oder Spannen und Abzug betätigen – ist kein Problem.

Die Trekkingstiefel

Sie sollten knöchelhoch und wasserabweisend sein. Ob sie aus Leder sein müssen, ist eine Frage, die der Blick ins Portemonnaie beantwortet. Der Nachteil bei Leder ist, dass die Stiefel intensiv gepflegt werden sollten, damit sie nicht rissig oder spröde werden. Achten Sie auf einen von der Sohle ausgehenden hochgezogenen Gummirand, der den Stiefel umgibt und gegen Nässe schützt. Natürlich sollte das Schuhwerk bequem sein, schließlich werden Sie damit einige Kilometer zurücklegen. Besonderes Augenmerk gilt der Profilsohle, sie muss Halt bieten, egal, ob der Untergrund steinig, nass oder trocken ist.

Lange Schnürsenkel, die, um sie kurz zu halten, um den Stiefelschaft geschlungen werden, sind ein No-Go. Dauernd bleibt man mit ihnen hängen, die Bänder gehen auf – das was zuviel ist einfach abschneiden. Diejenigen, die bevorzugt Gamaschen auf der Nachsuche tragen, werden sich an den langen Schnürsenkeln nicht stören.

Die Stiefel sollten bequem, leicht, robust und wasserabweisend sein.

Die Gummistiefel

Manchmal lässt das Wetter keine andere Wahl zu, und die Devise lautet: »Gummistiefel anziehen!« Einst waren sie ja berüchtigt dafür, dass man ständig umknickt, kalte Füße bekommt und das nicht vorhandene Fußbett jeden Auftritt ungedämpft bis in die Haarspitzen zurückgibt. Hier hat sich inzwischen sehr viel getan. Ehrlicherweise muss man aber zugeben, dass eine Nachsuche nicht vergleichbar ist mit dem Abklappern von Entenkuhlen oder dem Fußmarsch über den Pirschweg zur Kanzel. Jeder teure Gummistiefel ist für eine Nachsuche eigentlich zu schade, denn man läuft im wahrsten Sinne des Wortes immer Gefahr, die Stiefel zu ruinieren – ob die Suche über geläuterte Flächen geht, ob man durch dichte Dornen stiefeln muss oder im Moor an einer spitzen Astgabel hängen bleibt. Es lohnt sich einfach nicht, hier zu viel Geld auszugeben.

Kaufen Sie sich also Gummistiefel ohne viel Schnickschnack, die aber mit einem bequemen Fußbett und solider Profilsohle überzeugen. Ein Tipp für diejenigen, die starke Fußballerwaden haben: Gummistiefel mit Reißverschluss erleichtern das Ein- und Aussteigen wesentlich.

Der Gürtel

Der fünf Zentimeter breite Bundeswehr-Feldkoppelgürtel aus Polyestermaterial ist unverwüstlich (www.raer.com), sieht gut aus und ist außerdem preiswert. Falls man Patronen in einem Ersatzetui an dem Gürtel befestigen möchte, darauf achten, dass die Schlaufen für die Feldkoppel breit genug sind. Das gleiche gilt auch für die Messerscheide. Doch auch die Bundeswehr bekommt Konkurrenz – von der Firma Rüdemeister. Der Gürtel aus BioThane ist einfach noch robuster.

Ersatzkleidung

Oft sind wir auf Drückjagden im Einsatz. Wenn man dann nach den Suchen noch zu einem kleinen Absacker eingeladen wird, ist man gern dabei. Doch es ist nicht gerade gesundheitsförderlich, sich in nassen, verschwitzten Sachen in die Runde zu setzen. Für diese Fälle ist jagdliche Ersatzkleidung mit von der Partie.

Die Kurzwaffe

Mit dem Revolver oder der Pistole ist es für ungeübte Schützen relativ schwer, mitten ins Schwarze zu treffen, sogar auf kürzere Entfernung. Auch wenn man als Nachsuchenführer relativ dicht am Geschehen ist, besteht doch immer die Gefahr, im Gerangel das kranke Stück Wild vorbeizuschießen und den Hund zu treffen.

Hinzu kommt, dass das Kaliber der Kurzwaffe wirklich Durchschlagskraft haben muss – ein großes Kaliber

Manchmal kann man die Suche nur dann fortsetzen, wenn man sich fast aller Sachen entledigt. Umso besser, wenn sie erfolgreich endet.

ist also Pflicht. Wir hatten vor einigen Jahren eine Desert Eagle im Kaliber .50 Action Express dabei. Das 20-Gramm-Teilmantelrundkopf-Geschoss hat sogar einen 195 Kilogramm schweren Rothirsch von den Läufen gerissen und beide Blattschaufeln durchschlagen. Trotzdem hat sich die Kurzwaffe bei unseren täglichen Einsätzen nicht bewährt – für gelegentliche Nachsuchen ist sie aber durchaus empfehlenswert.

Dabei sollten Sie aber bedenken, dass dieser Kurzwaffentyp mit voll aufmunitioniertem Magazin um die 2,5 Kilogramm wiegt und die Holster ziemlich schnell zerschlissen werden, weil man überall damit hängenbleibt. Außerdem hat man ständig die Befürchtung, dass man die teure Waffe verliert. Stülpt man sie deshalb unter die Jacke, hat man sie nicht mehr so schnell griffbereit.

Sind Revlover oder Pistole vorne in einer breiten Gürteltasche verstaut, bekommt man sie ebenfalls nur mit Verzögerung heraus – wenn es auf Sekunden ankommt ein klarer Nachteil.

Greift man bei der Kurzwaffe auf ein schwächeres Kaliber zurück, besteht die Gefahr, dass das Geschoss keine Wirkung zeigt. Stellen Sie sich vor, Sie werden zu einem Verkehrsunfall gerufen, bei dem es zu einer Kollision mit einem Wildschwein kam. Das Stück lebt noch, die Keulen sind gebrochen, und es sitzt mit erhobenem Haupt im Straßengraben. Jetzt kommen Sie und wollen mit Ihrer Kurzwaffe aus nächster Nähe einen Fangschuss antragen. Um Sie herum stehen Polizisten, der Autofahrer, vielleicht Kinder – und das Geschoss schlägt nicht durch, oder Sie schießen vorbei, oder, oder, oder.
Wer für sich beschließt, auf der Nachsuche trotzdem mit der Kurzwaffe den Fangschuss anzutragen, sollte täglich mit ihr trainieren.

TIPP Wenn Sie die Nachsuche beendet haben, immer kurz prüfen, ob Sie noch alles dabei haben, zum Beispiel GPS-Gerät, Gehörschutz, Abfangmesser etc. Hat man tatsächlich etwas verloren oder liegen lassen, stehen die Chancen gut, dass Sie es an Ort und Stelle wiederfinden.

Die Nachsuchenbüchse

Der Repetierer muss unbedingt mit einer Handspannung ausgestattet sein. Denn unabhängig davon, wo die Sicherung an der Waffe sitzt, ob im Abzugsbügel, auf dem Kolbenhals, seitlich oder als Flügelsicherung – irgendwann bleibt man eben doch im Gestrüpp oder an Ästen

Beim Fangschuss-Geben über Kimme und Korn, behält man besser den Überblick: Wo sind die Hunde? Innerhalb von Sekunden gilt es, die Chance zu nutzen.

hängen und die Sicherung schiebt sich dabei selbstständig auf feuerbereit. Klar, dass auch der Nachsuchenführer seine Büchse unterladen mitführen muss. Aber wenn die Waffe dann durchrepetiert und geladen ist, ist es umso wichtiger, dass man sich auf den entspannten Zustand verlassen und sich hier nichts verschieben kann. Die Blaser R 93 mit Synthetikschaft in 9,3 x 62 hat inzwischen über 15.000 Nachsuchen weggesteckt – allein diese Tatsache spricht schon für die Waffe. Da man aber oft relativ nah an das Wild herankommt, reicht ein Repetierer im rückstoßschwächeren Kaliber 8 x 57 oder .308 Win. völlig aus.

Egal, für welches Kaliber Sie sich entscheiden, wichtig ist, dass der Repetierer einen kurzen Lauf hat. In Dickungen, Maisschlägen und im Dornenverhau, in denen es auf Wendigkeit und instinktives Schießen ankommt, macht er sich spätestens bezahlt. Entscheiden Sie sich für einen Repetierer mit Magazin, sollte eine Sperre dafür sorgen, dass man es nicht verlieren kann, wenn Sie mal wieder etwas sportlicher unterwegs sind.

Die Visierung

Apropos sportlich: Ist auf der Waffe eine Zieloptik montiert, egal ob Reflexvisier oder Zielfernrohr, besteht immer die Gefahr, dass es bei einem Sturz einen Schlag bekommt und das Geschoss dann dort einschlägt, wo es eigentlich nicht hin soll – ein Drama, wenn der eigene Hund die Kugel bekommt. Was man ebenfalls einkalkulieren muss, sofern man auf einen Leuchtpunkt angewiesen ist: Auch die Batterie mit der größten Kapazität ist irgendwann mal leer. Wenn man dann keinen Ersatz zur Hand hat, ist guter Rat teuer.

Aus diesen Gründen sollte man bei der Nachsuche auf jegliche Zieloptik verzichten und auf Kimme und Korn vertrauen – soweit es das Alter und die Sehkraft der Augen noch zulassen. Diese Visierung funktioniert immer, außer man verliert das Korn. Doch hier macht Not erfinderisch: Mit einem Stückchen vom Trassierband kann man es fürs Erste ersetzen.

Noch ein Grund spricht dafür, sich für die klassische Methode zu entscheiden: Mit Kimme und Korn hat man einen hervorragenden Überblick und wenn es noch so unübersichtlich zu sein scheint. Wo sind die Hunde? Was macht das Stück?

Handwerk beherrschen

Selbstverständlich muss man mit der Visierung – unabhängig davon, wofür Sie sich entschieden haben – zurecht kommen. Das Gleiche gilt für die Nachsuchenbüchse, die Sie aus dem Effeff beherrschen müssen. Nichts ist ärgerlicher, als wenn das Wild nach kilometerlanger Suche endlich von dem Hund oder den Hunden gestellt wurde, Sie, ohne die Hunde zu gefährden, einen Fangschuss geben können und dann vorbeischießen. Also: auf den Schießstand oder ins Schießkino gehen und für den Ernstfall trainieren.

Vom Kammerstängel bis zum Schaft und der Riemenaufhängung

Noch einige Anmerkungen zur Zusatzausstattung für die Waffe, beginnen wir mit dem Kammerstängel: Die Kammerstängelkugel kann man ziemlich schnell vergrößern, indem man ihr einen Rubber Ball überstülpt. Diese Gummikugel ist weich und gut zu greifen, sogar mit Handschuhen. Den Rubber Ball gibt es in unterschiedlichen Farben und Designs. Allerdings hat die überdimensionierte Gummikugel auch einen Nachteil: Man kann damit hängenbleiben.

Ob man dann zu einem Synthetik- oder Holzschaft greift, ist eher zweitrangig. Klar ist, dass ein Holzschaft natürlich extrem unter den rauen Bedingungen bei der

Nachsuche leidet – Ratscher, Kerben, Schrammen stehen dem Kunststoffschaft einfach besser. Inzwischen gibt es die Synthetikschäfte ja in allen Farbvarianten, es ist reine Geschmackssache, für was Sie sich entscheiden. Da das Nachsuchen-Outfit bereits durch die signalleuchtenden Farben auffällt, ist die Farbenwahl für die Waffe eher nebensächlich.

Viel wichtiger ist die Gewehrriemen-Aufhängung. Bei den neueren Kunststoffschäften sind oft zwei Varianten berücksichtigt. Bei der traditionellen Anbringung wird der Riemenbügel am Hinterschaft unterhalb angebracht, bei der modernen Variante sitzt die Base seitlich. Dank der zweiten Option lässt sich die Waffe um einiges komfortabler tragen. Der zweite Riemenbügel sitzt immer direkt oder nah an der Mündung.

Der Gewehrriemen

Damit sich die Waffe während der langen Suchen im Schulterbereich und Nacken nicht einschnürt, sollte der Gewehrriemen rund fünf Zentimeter breit sein. Ist er für besseren Tragekomfort mit Schaumstoff unterlegt, löst dieser sich allerdings recht schnell auf. Ständiges Abrutschen der Waffe nervt, umso besser wenn der Gewehrriemen innen mit einem Gummi-Inlay versehen wurde, wie zum Beispiel beim Hatari Gewehrriemen von Sauer (www.triebel.de). Aber Achtung: Die Sauer Riemenbügel sind eingenäht und passen deshalb nur an Sauer-Waffen. Doch im Internet werden Sie unter www.alexandremareuil.com mit Sicherheit fündig, wenn Sie mit solch einem breiten Gewehrriemen liebäugeln.

Die Blaser R93 ist ausgestattet mit einer Gummikammerstängel-Kugel und einem Reflexvisier. Der breite Gewehrriemen besteht aus Stretchmaterial.

Der Rucksack-Gewehrriemen

Er ist wohl eher für die Durchgehschützen entwickelt worden als für die Nachsuchenführer. Bei der Arbeit auf der Wundfährte muss der Nachsuchenführer die Spur des am Riemen arbeitenden Hundes halten, kann also selten ausweichen, wenn sich Gestrüpp oder Dornen vor ihm aufbauen. Sobald man sich zum besseren Hindurchkommen bückt, schlägt einem der Lauf an den Hinterkopf. Will man auf allen Vieren weiterkrabbeln, bleibt man mit dem Lauf oft an Ästen hängen, und der Kolben stößt unangenehm an das Hinterteil. Wenn es dann noch um Sekundenbruchteile und den Überraschungsmoment geht, ist es etwas umständlich, an die Waffe zu kommen.

Der Schalldämpfer

Gut, dass er endlich erlaubt ist, der Schalldämpfer! Er gehört auf jede Nachsuchenbüchse, auch wenn die Waffe dadurch etwas unhandlicher wird. Die Flüstertüte schont nicht nur die Ohren des Schweißhundführers, sondern auch das empfindliche Gehör des Hundes. Denken Sie aber daran: Sie müssen den Schalldämpfer in die Waffenbesitzkarte eintragen. Er wird rechtlich gleichwertig wie die Waffe behandelt, für die er bestimmt ist. Deshalb gehört er auch in den Tresor.

Die Schutzbrille

Der Schmerz ist unerträglich, wenn einem ein Ast oder eine Zweigspitze direkt ins Auge schlägt. Damit genau das nicht passiert, ist es immer sinnvoll, eine Schutzbrille aufzusetzen.

Ist der Nachsuchenführer Kontaktlinsenträger und zieht ohne Schutzbrille los, ist es durchaus möglich, dass ihm eine Kontaktlinse verlorengeht, zum Beispiel wenn ihm ein Ast ins Auge schlägt. Abgesehen davon, dass Sie mindestens auf einem Auge nicht mehr scharf sehen können, gleicht Ihre Suche nach der herausgefallenen Kontaktlinse der nach der berühmten Nadel im Heuhaufen. Werden Sie nicht fündig – wie wollen Sie dann noch einen sicheren Fangschuss antragen? Deshalb, ob man nun Kontaktlinsenträger ist oder nicht: möglichst immer eine Schutzbrille aufsetzen.

Wenn Sie Brillenträger sind

Sofern Sie eine Brille tragen, macht es selbstverständlich auch hier Sinn, die Schutzbrille darüber zu tragen. Sonst schlagen die Äste direkt gegen Ihre Brillengläser und hinterlassen dort feine Kratzer. Außerdem sollten Sie Ihre Brillengläser mit Anti-Beschlag-Spray behandeln, damit Sie nicht plötzlich im Nebel stehen.

Achten Sie unbedingt beim Kauf ihrer Brillengläser darauf, nur Kunststoffgläser auszusuchen. Im Gegensatz zu Brillengläsern aus Glas splittern sie nicht, wenn man hart

Hat gut lachen: Der Schalldämpfer schont nicht nur die Ohren des Nachsuchenführers. Auch das empfindliche Gehör der Hunde wird durch die Flüstertüte geschützt.

stürzt. Das Brillengestell sollte außerdem beweglich sein und eine gewisse Flexibiltät zeigen, sonst bricht es eventuell während des rauen Einsatzes im Revier.

Das Abfangmesser

Der Saufänger muss mit Parierstange und einer langen Klinge ausgestattet sein. Mit der Klinge kann man auch bei einem stärkeren Stück Herz und Lunge problemlos erreichen und es schnell von seinem Leid erlösen. Das klassische Abfangmesser fällt durch die an beiden Selten geschliffene, breite Klinge auf. Allerdings ist es nur für den Profi geeignet, der auch in kritischen Situationen einen kühlen Kopf bewahrt (siehe Seite 74).

Diejenigen, die noch nicht allzuviel Nachsuchenpraxis haben, sollten besser nach einem Messer Ausschau halten, das eine normale Klinge aufweist, und oben auf dem Rücken stumpf ist. Darauf achten, dass die Klinge lang genug ist, damit man auch bei einer stärkeren Sau ohne Probleme Herz oder Lunge durchstoßen kann. Ein normales Aufbrechmesser sollte diesen Zweck eigentlich erfüllen. Weiteres Kriterium: Ihr Abfangmesser sollte eine Parierstange haben, damit Sie nicht in die Klinge rutschen, wenn Sie zum Beispiel keine Handschuhe tragen aber Ihre Hände nass sind.

Praktisch ist es, wenn die Griffschalen des Messers farbig gehalten sind, dann findet man es immer schnell wieder, falls man es Mal auf dem Boden abgelegt und kurz aus den Augen verloren hat.

Kopfbedeckung

Die Baschlik-Mütze ist natürlich der Klassiker, hat aber den Nachteil, dass sie in ihrem Grünton eher im Wald untergeht als auffällt, außerdem relativ dick ist und man deshalb schnell ins Schwitzen kommt. Natürlich kann man

Hat man geschossen, muss man den Schalldämpfer trocknen, sonst zersetzt sich dessen Innenleben. Vor allem im Herbst und Winter ist das wichtig – selbst wenn man keinen Schuss abgegeben hat. Kommt man vom Kalten ins warme Haus, bildet sich im Schalldämpfer Kondenswasser. Das greift Alu- und Stahlteile an und darunter leidet dann die Präzision.

sie mit einem Signalband aufpeppen, allerdings geht das recht schnell bei der Suche durch dick und dünn verloren. Caps in Signalfarben bietet der Markt in Hülle und Fülle – hier kann man zwischen einer leichten Sommer- und einer etwas dicker gehaltenen Wintervariante wählen.

Viele Schweißhundführer halten einen Helm für das Non-Plus-Ultra. Allerdings wird er auf Dauer recht schwer und man gerät ebenfalls schnell ins Schwitzen. Muss man zügig laufen, sollte er bombenfest sitzen, damit er nicht verrutscht.

Wenn es stark regnet, stülpen wir uns den Südwester Regenhut über den Kopf. Die nach vorn überhängende Krempe hält das Gesicht schön trocken und gleichzeitig sorgt der hinten sitzende, lang geschnittene Nackenschutz dafür, dass das Wasser nicht in den Nacken tropft. Man sieht damit zwar nicht aus wie eine Eins, aber das sollte bei der Arbeit als Nachsuchenführer eigentlich nebensächlich sein.

Während der Nachsuche hat man alle Hände voll zu tun. Umso besser, wenn das Handy im Auto bleibt. Nach der Suche hat man dann genügend Zeit, Anrufe zu erledigen.

HANDY – IMMER DABEI?

PRO

Wenn etwas passiert, kann man mit dem Handy einen Notruf abgeben.

Man kann kurzerhand telefonisch Schützen umstellen, wenn man deren Handynummern parat hat.

KONTRA

Es gibt nicht überall Funkkontakt.

Es besteht immer die Gefahr, das Handy während der Nachsuche zu verlieren.

Das Mobiltelefon kann beschädigt werden durch Sturz, Nässe etc.

Ein eingehender Telefonanruf auf dem Handy kann bei der Nachsuche stören.

Unsere Empfehlung:

Bevor Sie zur Suche aufbrechen, legen Sie Ihr Mobiltelefon ins Auto. Führen Sie dann die Nachsuche in Ruhe durch. Sobald Sie wieder am Auto sind und den Hund beziehungsweise die Hunde versorgt haben, Mailbox abhören und gegebenenfalls den Schützen zurückrufen, der eine Nachsuche gemeldet hat.

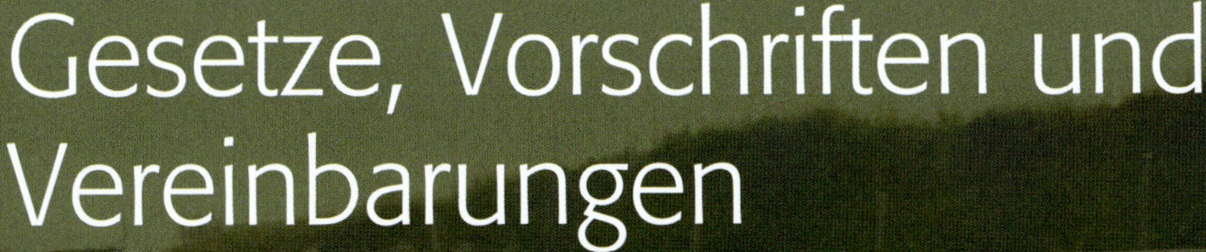

Gesetze, Vorschriften und Vereinbarungen

Luft anhalten – der Foxterrier eilt genau an der Stelle über die Straße, an der sie der Frischling ein paar Sekunden zuvor überfallen hat. Hoffentlich geht alles gut – und wenn nicht? Wer haftet für den Hund? Und was müssen Sie von der rechtlichen Seite als Nachsuchenführer eigentlich noch alles wissen, Stichworte Waffentransport und Wildfolge? Hier eine Übersicht.

Der Auftrag des Nachsuchenführers

Unser Bundesjagdgesetz (§ 22a Abs. 1 BJG) schreibt ausdrücklich vor, dass krankgeschossenes Wild unverzüglich beziehungsweise nach angemessener Zeit gründlich und sachgerecht, also mit einem brauchbaren Jagdhund, nachgesucht werden muss. Das gilt übrigens gleichermaßen für Hoch-, Nieder- und Raubwild.

Wer haftet?

Übernimmt ein Nachsuchenführer kostenfrei im Auftrag des Jagdausübungsberechtigten verbindlich die Nachsuche, muss der Auftraggeber in der Regel dafür haften, wenn beispielsweise der Nachsuchenhund geschlagen oder die Waffe beschädigt wird etc., sofern keine Sonderabsprachen bestehen – wie beispielsweise bei anerkannten Schweißhundführern. Es ist sicher von Vorteil, wenn Sie vorher mit dem Auftraggeber kurz besprechen, wer für eventuelle Kosten aufkommt, wenn der Nachsuchenhund während seiner Arbeit verletzt wird. Unser Tipp: Klarheit schaffen – das erspart das eine oder andere »Missverständnis«. Weil der Jagdausübungsberechtigte zur Nachsuche verpflichtet ist, muss er eigentlich

ANERKANNT

Ein annerkannter Schweißhundführer führt einen Hund, der im Deutschen Gebrauchshund-Stammbuch eingetragen sein muss. Gemeinsam hat das Gespann eine Vorprüfung (VP), VSwP (Verbandsschweiß Prüfung) oder VfSP (Verbandsfährten Schuh-Prüfung) bestanden. Der Schweißhundführer ist außerdem bei Erst-Anerkennung dazu verpflichtet, den Nachweis von fünf erschwerten, erfolgreichen Nachsuchen zu erbringen. Dann muss er alle zwei Jahre 15 erfolgreiche Nachsuchen belegen können (Landesjagdgesetz beachten). Der Nachsuchenführer muss jederzeit einsatzbereit sein.

Signalwirkung: Der Nachsuchenhund muss als solcher klar gekennzeichnet sein, beispielsweise mit Signalhalsung oder – noch besser – mit einer Weste.

Sicherheit geht vor: Die Waffen gehören immer unter Verschluss. Optimal, wenn der Tresor ein Zahlenschloss hat.

für den eventuellen Schaden haften, doch auch hier bestätigen Ausnahmen die Regel. Aber Achtung: Wird der Schweißhund zur Hetze geschnallt, obwohl eine Straße in der Nähe ist, haftet in der Regel der Hundeführer. Überfällt der Hund oder durch den Hund aufgemüdetes Wild die Straße, und es kommt zu einem Unfall, steht ebenfalls der Nachsuchenführer in der Pflicht. Hat er allerdings einen Helfer an seiner Seite, der die Verkehrsteilnehmer warnt und auf die Gefahr hinweist, kann er nicht zur Verantwortung gezogen werden. Hier ist es aber wie überall in der Rechtsprechung: Es kommt auf den Fall und die damit verbundenen Umstände an.

Sofern Sie eine Hundeversicherung abschließen, sollten Sie sich mit Ihrem Versicherungsexperten auch über diesen Fall ausgiebig beraten.

> **VERBOTEN**
> In Deutschland ist der Fangschuss auf Schalenwild mit Schrot nicht erlaubt.

Wenn ein Schonzeitvergehen vorliegt

Es kommt leider auch manchmal vor, dass man am Ende der Nachsuche vor einem Stück Wild steht, das geschont hätte werden müssen. Besonders beim Schwarzwild passiert es immer wieder, dass eine führende Bache unter Feuer genommen wird – dabei handelt es sich laut BJG um eine Straftat. Nachsuchengespanne werden allerdings in erster Linie dafür gebraucht, das kranke Wild schnell zur Strecke zu bringen.

Schadensersatz für den Hund

Wird Ihr Hund von einem Jäger infolge Fahrlässigkeit an- oder totgeschossen – auch das kommt leider in der Nachsuchenpraxis vor – sollten Sie unbedingt Schadensersatz von dem Verursacher fordern. Ist Ihr Hund verletzt, muss der Schütze aufkommen für: Tierarztkosten, Medikamente, den eventuellen Zuchtausfall und den zusätzlichem Wertverlust (Verkehrswert minus Restwert) durch Invalidität. Wurde Ihr Hund getötet, muss der Verkehrswert, also der Wiederbeschaffungswert plus eventuell entstandenem Zuchtausfall von dem Jäger gezahlt werden.

Wurde Ihr Hund allerdings mit Wild verwechselt, weil er weder Signalhalsung oder Signalweste trug, kann darin ein Mitverschulden Ihrerseits liegen und der Ersatzanspruch entsprechend gemindert werden.

Polizisten erschießen Nachsuchenhund

Seien Sie auf und für alle Fälle vorbereitet. Es gibt tatsächlich Jäger, die einen Schweißhund/Nachsuchenhund, der auf der Wundfährte und außerhalb der Führereinwirkung arbeitet, für einen wildernden Hund halten, selbst dann, wenn er mit gut sichtbarem Signalhalsband kenntlich gemacht ist. Aber auch Nicht-Jäger oder Polizisten haben ein Problem mit der »Identifizierung« von Jagdhunden. Vor einigen Jahren hielt einer unserer Deutsch-Drahthaar, der mit breiter Signalhalsung und deutlich darauf geschriebener Handynummer, ausgerüstet war, einen 30-Kilo-Frischling mit Krellschuss an einem Wasserloch fest. Die vorherige Hetze ging kilometerweit, und wir konnten nicht so schnell Anschluss halten, ein GPS-Gerät gab es noch nicht. Spaziergänger meldeten der Polizei einen wildernden Hund. Die kurz darauf eintreffenden Polizisten fackelten nicht lange und erschossen den Deutsch-Drahthaar und Frischling. Dann riefen sie uns auf der am Signalhalsband angegebenen Handynummer an und informierten uns darüber, dass der wildernde Hund totgeschossen wurde und am Wasserloch aufzusammeln wäre.

Verschluss-Sache: Wenn der Nachsuchenführer im Auto unterwegs ist, gehört an das Gewehrfutteral immer ein Schloss.

Eigentlich sind Jagdhunde im Einsatz vom so genannten Tötungsrecht, dem Abschuss wildernder Hunde und Katzen, ausgenommen. Leider hat die breite, sehr gut sichtbare Signalhalsung dem Deutsch-Drahthaar nichts genützt. Auf eine Entschädigungszahlung warten wir übrigens noch heute.

Waffenaufbewahrung zu Hause

Alle Waffen sind komplett zu entladen, bevor man sie in den Stahlschrank oder Tresor abstellt. Der Schalldämpfer gehört dort ebenfalls hinein. Langwaffen dürfen in einem Sicherheitsbehältnis ab der Sicherheitsstufe A aufbewahrt werden – die Munition ist getrennt zu lagern, beispielsweise in einem abschließbaren Innenfach. Eine Kurzwaffe darf nur dann in einen A-Stahlschrank gelegt werden, wenn sie dort in einem separaten Innentresor der Sicherheitsstufe B verschlossen werden kann.

Wir empfehlen, sich für einen Tresor mit Widerstandsgrad 0 zu entscheiden, denn darin können entladene Lang- und Kurzwaffen sowie die dazugehörige Munition – ohne räumliche Trennung voneinander – aufbewahrt werden. Sicher, das ist die teurere, aber dafür unkompliziertere Lösung.

Persönliche Zuverlässigkeit

Verwahren Sie Ihre Waffen oder Munition nicht sorgfältig auf, steht Ihre Zuverlässigkeit gemäß WaffG. auf dem Spiel. Mögliche Folgen: Der Jagdschein und die WBK werden eingezogen – in der Regel für fünf Jahre. Es kann außerdem eine Sperrfrist für die Wiedererteilung des Jagdscheins eingelegt werden. Falls Sie zusätzlich noch Jagdpächter sind, erlischt der Jagdpachtvertrag. Und: Die WBK kann widerrufen werden. Hinzu kommt, dass für die Dauer der Unzuverlässigkeit die Waffen an einen Berechtigten abgegeben oder unbrauchbar gemacht werden können beziehungsweise müssen. Diese

Risiken also keinesfalls eingehen, selbst wenn Sie es eilig haben. Äußerste Sorgfalt beim Umgang mit Waffen und Munition ist das Gebot der Stunde, auch wenn Sie im Auftrag der Waidgerechtigkeit und des Tierschutzes unterwegs sind.

Führen und Transportieren von Waffen

Als Nachsuchenführer sind Sie mit Ihrem Auto viel auf Tour, deshalb an dieser Stelle noch ein paar Fakten zum Führen und Transportieren von Waffen. Auf kurzen Fahrten in den Jagdbezirk hinein und wieder heraus, sowie innerhalb des Reviers, dürfen Sie die Waffe führen. Im Klartext: Wenn Sie zur Nachsuche in den eigenen Jagdbogen fahren, dürfen Sie Ihre Waffe zugriffsbereit bei sich haben. Sie muss allerdings vollständig entladen sein. Wird das Magazin aus der Waffe herausgenommen und beispielsweise in die Jackentasche gesteckt, dürfen die Patronen darin bleiben.

Haben Sie aber den Auftrag bekommen, in einem fremden Revier nachzusuchen, legen also eine längere Strecke zurück, muss die Waffe transportiert werden, das bedeutet: Die vollständig entladende Waffe in ein Futteral oder einen Waffenkoffer legen und per Schloss sichern.

Sie sollten selbstverständlich immer, wenn Sie unterwegs sind, Ihren Jagdschein, Ihre WBK und den Personalausweis dabei haben.

Waffe im Auto

Legen Sie zwischen den Nachsuchen eine kurze Pause ein, weil Sie sich in der Stadt oder in einem Dorf etwas zu Essen oder zu Trinken besorgen möchten, beachten Sie bitte, dass grundsätzlich keine sichere Verwahrung Ihrer Waffe im verschlossenen Fahrzeug gewährleistet ist, es sei denn: Sie haben Ihr Fahrzeug ständig im Blick oder Sie haben ein wesentliches Teil enfernt, beispielsweise den Verschluss oder bei der Blaser R8 die Abzugseinheit inklusive Magazin, oder ein Waffensafe im Auto sichert die Waffe gegen Diebstahl. Ist Ihr Hund mannscharf und hält sich im Fahrzeug bei der Waffe auf, dürfen Sie das Auto, selbstverständlich abgeschlossen, ebenfalls kurz verlassen. Sitzt Ihr Hund allerdings in einer geschlossenen Transportbox, greift diese Regel natürlich nicht. Es ist zulässig, Waffe und Munition mitzunehmen, so dass beides ständig in Ihrem Aufsichtsbereich ist. Dabei sollte die Waffe vollständig entladen sein und in einem abgeschlossenen Futteral aufbewahrt werden, so dass fremder Zugriff unmöglich ist. Grundsätzlich gilt: Lieber übertrieben vorsichtig als zu nachlässig.

Wildfolge

Die Wildfolge (Landesjagdgesetze beachten) regelt die Vorgehensweise, wenn ein krankgeschossenes Stück Wild über die Grenze ins Nachbarrevier flüchtet. Man will

Grenzwertig: Das Revier des Nachbarn, markiert durch den Grenzstein am Wegesrand.

mit der Regelung der Wildfolge beidem, dem Tierschutz und dem Jagdausübungsrecht, gerecht werden: Das krankgeschossene Stück Wild soll schnell zur Strecke kommen, trotzdem soll das fremde Jagdausübungsrecht im Nachbarrevier nicht verletzt werden. Grundsätzlich dürfen anerkannte Schweißhundführer ohne vorherige Benachrichtigung des Nachbarn in dessen Revier nachsuchen, das gilt zum Beispiel in Bayern, Hessen, Mecklenburg-Vorpommern, Niedersachsen, Nordrhein-Westfalen, Rheinland-Pfalz, dem Saarland, Sachsen und Schleswig-Holstein.

Sind Sie allerdings kein anerkannter Schweißhundführer oder arbeiten nicht für eine anerkannte Schweißhundstation, haben Sie ein Problem – jedes Bundesland hat hier seine eigenen Regelungen.

Viele Länder erlauben es, einen Fangschuss über die Grenze hinweg anzutragen, sofern das kranke Stück Wild in Sicht- und Schussweite ist. Achtung: Einige Länder verlangen, dass sich das kranke Stück niedergetan haben muss, nämlich Berlin, Bremen, Hamburg, Nordrhein-Westfalen, das Saarland und Sachsen-Anhalt. Anderen reicht es, wenn sich das Stück in Sichtweite aufhält, unabhängig davon, ob es verhofft, zieht oder ins Wundbett gegangen ist.

Manche Länder erlauben sogar, für den Fangschuss über die Grenze hinweg zu marschieren – sofern sich das Stück sichtig an der Grenze aufhält. Kompliziert, oder? Bitte informieren Sie sich deshalb genau über die Wildfolge in Ihrem Bundesland, bevor Sie in Richtung Nachbarrevier und Grenze nachsuchen.

Überfall: Der Weg ist die Grenze, doch das interessiert den Schwarzkittel genauso wenig wie …

… die HS-Hündin. Wurde mit den angrenzenden Nachbarn eine Wildfolge vereinbart, gibt es hier keine Probleme.

Achtung Grenze

Ist das kranke Stück außer Sicht- oder Schussweite, muss der Nachbar sofort informiert werden, erst dann darf weiter nachgesucht werden – außer, genau – Sie sind anerkannter Nachsuchenführer. Hat der Nachbar der Nachsuche zugestimmt, dürfen Sie weiterarbeiten und der Wundfährte folgen. Innerhalb Baden-Württembergs darf der Nachsuchenführer sogar über die Grenze hinweg seine Arbeit auch dann fortsetzen, wenn er den Nachbarn nicht informieren konnte – allerdings nur dann, wenn schwer krankes Wild nachgesucht wird.

Noch unübersichtlicher wird es übrigens, wenn die Nachbarreviere von einer Landesgrenze durchzogen werden. Dann ist das Landesrecht von dem Bundesland anzuwenden, in das das Stück Wild geflüchtet ist. Auch hier gilt: Für anerkannte Schweißhundführer beziehungsweise Stationen gibt es Sonderregelungen, die es ihnen erlauben, über die Grenzen hinaus nachzussuchen – bitte auf alle Fälle Landesjagdgesetze beachten.

Wildfolgevereinbarung

Es ist daher sehr sinnvoll, eine Wildfolgevereinbarung zu treffen, besonders dann, wenn Sie in Ihrem Revier und den dort angrenzenden die Nachsuchen durchführen. Die Wildfolgevereinbarung räumt allen Beteiligten erweiterte Befugnisse ein, wie die selbstständige Nachsuche im Nachbarbezirk, sogar wenn der Nachbar nicht zu erreichen ist. Auch das Mitführen der geladenen Waffe und das Abholen des nachgesuchten und gefundenen Stückes inklusive sofortiges Abliefern bei dem entsprechenden Nachbarn sollte durch solch eine Vereinbarung fixiert werden.

INFORMIEREN

Jedem Jäger und Nachsuchenführer wird dringend nahegelegt, sich über die jagdrechtlichen Verhältnisse in dem Bundesland, in dem er jagt beziehungsweise nachsucht, genau zu informieren. Zum Beispiel unter www.jagdverband.de

Befriedete Bezirke

Was tun, wenn das nachzusuchende Stück in einen so genannten befriedeten Bezirk flüchtet, zum Beispiel auf ein Industriegelände, einen Friedhof, in ein Gehöft, Haus- oder Schrebergarten? Auch hier haben die Landesjagdgesetze unterschiedliche Varianten parat – viele untersagen es, dass mit Hund und Gewehr hier nachgesetzt werden darf. Ersparen Sie dem Wild Leid und lesen Sie das Landesjagdgesetz durch, damit Sie in so einem Fall wissen, was erlaubt ist – und was nicht.

Stopp: Gehöft in Sicht – was jetzt? Die Antwort steht im jeweiligen Landesjagdgesetz.

DOLMAR

Die Wildbretverwertung

Sau tot. Und nun? Im Folgenden erfahren Sie, warum Maisfelder das Verhitzen von Wild beschleunigen, wieso nicht nur im Sommer, sondern auch in der kalten Jahreszeit das Wildbret von Reh, Sau & Co. verderben kann und was man im Generellen bei der Verwertung von nachgesuchtem Wild beachten muss.

Mit Wildbret rechnen

Wildbret ist ein wertvolles Gut und hat sich inzwischen für viele Jäger zu einem wirtschaftlichen Faktor entwickelt, der eine immer größere Rolle spielt. Steigende Pachtpreise, zunehmende Wildschäden – all das muss bezahlt werden. So ist es kein Wunder, dass so mancher Revierpächter das Wildbret als Einnahmequelle sieht, damit die steigenden Kosten, die rund um das Revier anfallen, reduziert werden können.

Das Wildbret ist zu einem wichtigen Zusatzverdienst geworden.

Nachgesuchtes Wild ist in der Wildbretqualität minderwertig

Wild, das auf der Nachsuche entweder verendet gefunden oder gestreckt werden muss, ist, da müssen wir uns nichts vormachen, qualitativ minderwertig im Vergleich zu einem auf der Einzeljagd sauber gestreckten Stück.

Wenn Sie für Ihre Zwecke mit Ihrem Hund im eigenen Revier nachsuchen und Sie schließlich vor dem verendeten Stück stehen, stellt man sich automatisch die Frage: Was tun mit dem Wildbret?

Ob das Wildbret der abgefangenen Sau noch für den Verzehr für Dritte geeignet ist, hängt von dem Ergebnis der amtlichen Fleischuntersuchung ab.

Hier gibt es eine ganz klare Regelung: Sofern Sie das Wildbret an Dritte vermarkten wollen, muss eine amtliche Fleischuntersuchung Aufschluss darüber bringen, ob dieser Weg vertretbar ist oder nicht. Selbstverständlich steht es jedermann frei, das Wildbret des nachgesuchten Stücks für den eigenen Verzehr zu verwerten oder eben an seine Hunde zu verfüttern – dann können Sie auf die amtliche Fleischuntersuchung verzichten.

Geduldig abwarten

Wir halten uns bei der Nachsuchenarbeit an die Regel, dass ein krankgeschossenes Stück Schalenwild erst nach vier Stunden nachgesucht werden darf. Zugegeben, wir kalkulieren dabei ein, dass das Wundfieber steigt und damit die Wildbretqualität leidet – doch das einsetzende Fieber sorgt für eine Immobilität des Stückes und erhöht somit die Chance für den Nachsuchenführer, es sofort beim ersten Aufeinandertreffen zu strecken.

Geht man die Krankfährte zu früh aus, hat das Wundfieber noch nicht eingesetzt. Das Stück ist dann sehr viel mobiler, und wird, einmal hochgemacht, alle Reserven nutzen und ziehen so weit es geht. Diese Erfahrung haben wir häufig bei Schwarzwild gemacht, das beispielweise Weidewund getroffen wurde. Diese zu früh aufgemüdeten Stücke verlangen alles von dem Gespann ab. Wenn das Nachsuchen-Team Glück hat, stellt sich die Sau. Oder sie zieht und zieht. Um genau dieses Risiko so gering wie möglich zu halten und dem Wild unnötiges Leid zu ersparen, warten wir eben die vier Stunden ab.

Es ist hypothetisch zu fragen, welches der bessere Ansatz ist, denn die Wildbretqualität leidet bei beiden Vorgehensweisen – dem einsetzenden Wundfieber und dem zu frühen Aufmüden. Die Erfahrung hat jedoch gezeigt, dass die Erfolgsaussichten für das Nachsuchengespann ungleich besser sind, wenn man die vier Stunden abwartet.

Der kranke Frischling mit hohem rechten Hinterlauftreffer wird vom HS gestellt und steht jetzt natürlich noch stärker unter Stress.

Verhitzes Wild

Wann und warum verhitzt Wild überhaupt? Im Generellen bleibt festzuhalten, dass schweres Wild wie Schwarzwild schneller verhitzt, als kleineres, leichteres Wild, zum Beispiel Rehwild. Warum Wild verhitzen kann, hängt tatsächlich von mehreren Faktoren ab:

- Von der Körpertemperatur und dem Gesamtzustand des Wildes zum Zeitpunkt des Verendens,
- davon, ob es im Wundbett- beziehungsweise -kessel verendet ist oder aufgemüdet wurde,
- vom Ausschuss (soweit vorhanden),

WAS IST VERHITZEN?

Im Wildkörper kommt es zum Wärmestau und zur stickigen Reifung. Statt Milchsäure entstehen Buttersäure, Schwefelwasserstoff und Pophyrine (Abbauprodukt des Blutfarbstoffs). Das Wildbret nimmt eine bräunlich bis kupferrote Farbe an, schillert, riecht scharf und muffig, die Struktur wird brüchig.

- von der Jahreszeit,
- von dem Ort, an dem das Stück gefunden wird,
- und von der Zeit, die zwischen Verenden und Aufbrechen vergangen ist.

Bei Stress steigt die Körpertemperatur

Ein Stück Schwarzwild, das den Jäger bei dem Einzelansitz ruhig anwechselt, hat eine Körpertemperatur von 37 bis 38 Grad. Wird das Stück mit sauberem Blattschuss an den Anschuss gebannt, sind dies die perfekten Voraussetzungen für eine optimale Wildbretverwertung, denn durch solch einen Treffer werden die großen Blutgefäße geöffnet und das Stück schweißt relativ gut und schnell aus. Je weniger Blut sich in den Adern der Muskulatur befindet, desto besser wirkt sich das auf die Wildbretqualität aus.

Hat den Knall nicht mehr vernommen und wurde mit Blattschuss gestreckt – optimal für die Wildbretverwertung.

Schon deshalb verbietet sich der Schuss auf das Haupt gänzlich – allein unter diesem Aspekt –, weil mit solch einem Treffer das Blut trotz des Hirntod weiter in der Muskulatur zirkuliert. Folglich wird das Wildbret sauer. Die Geiz-ist-Geil-Mentalität bezogen auf eventuell zerschossenes Wildbret durch einen Blattschuss ist hierbei also völlig Fehl am Platz.

Wird das Stück übrigens nicht im Bereich der Kammer getroffen und flüchtet über mehrere hundert Meter, klettert die Körpertemperatur binnen Sekunden auf 40 Grad an.

Bei Sauen, die auf der Drück- oder Maisjagd durch Hunde oder Treiber auf die Läufe gebracht werden, spielt sich Ähnliches ab, die Körpertemperatur steigt rasant an.

Mit oder ohne Ausschuss

Hat das beschossene Wild einen Ausschuss, erleichtert das nicht nur die Arbeit des Nachsuchengespanns, sofern er sich mit der Zeit nicht zusetzt. Das Ausschussloch sorgt außerdem dafür, dass – wenn das Stück nicht auf der Ausschussseite liegt – ein wenig Luft in das Körperinnere gelangt. Sicher, dieser Abkühleffekt ist minimal, kann aber den Eintritt des Verhitzens tatsächlich etwas verzögern.

Warmes oder kaltes Wetter

Die Umgebungstemperatur spielt bei dem Verhitzen aus einem ganz einfachen Grund eine eher untergeordnete Rolle: Das Verhitzen selbst ist ein interner Ablauf und findet in den Muskelpartien des Stücks statt. So kann es durchaus selbst bei frostigen Außentemperaturen vorkommen, dass ein frisch erlegtes Stück Rehwild, das sofort aufgebrochen wird und dann im Rucksack für ein bis zwei Stunden verstaut wird, verhitzt. Warum? Das Reh konnte nicht aufgehängt auskühlen, im Wildkörper kam es durch den Transport im Rucksack zum Wärmestau und damit zum Verhitzen.

Das bedeutet: Ein in kühler Herbst- oder kalter Winterzeit krankgeschossenes Stück, das auf der Nachsuche verendet aufgefunden wird, kann demzufolge genauso zügig verhitzen wie ein Stück, das im Sommer krankgeschossen wurde.

Winterdecke oder Schwarte und Fett isolieren

Die Aussage eines erfahrenen Allgäuer Berufsjägers: »Wintergams verhitzt schneller als Sommergams«, gilt auch für unser übriges Schalenwild. Das Winterhaar ist dichter und länger, hält also die innere Wärme. Hinzu kommt die für die kalte Jahreszeit angelegte Fettschicht, das trifft besonders fürs Schwarzwild zu. Durch diese

Keine Zeit verlieren und aufbrechen. Da packt dann auch schon mal der Nachsuchenführer an, den Schützen freut's.

beiden Faktoren wird der Temperaturaustausch von innen nach außen stark gemindert, unabhängig davon, wie kalt die Umgebungstemperatur tatsächlich ist.

Wie die Made im Speck

Im Winter hätte eine Stück mit einem Wildbret-Streifschuss beispielsweise am Lauf oder Brustkern möglicherweise gute Chancen, solch einen Treffer zu überstehen. Im Sommer dagegen ist es dem Tode geweiht und wird elendig verenden, sofern es auf der anschließenden Nachsuche nicht gestreckt werden kann.
In der warmen Wetterperiode legen Fliegen ihre Eier in dem Wundkanal ab und in kürzester Zeit entwickeln sich daraus Maden, die sich von dem Wundfleisch ernähren.

Im Mais oder Raps

Bei erntereifen Raps- (also nicht in der Blüte) und Maisschlägen staut sich die Hitze am Boden, weil nach oben hin alles dicht bewachsen ist. Halme, Blätter und Stängel verhindern die Luftzirkulation und so ist es auch nicht weiter erstaunlich, dass sich selbst am Abend die Wärme dort sehr gut hält. Flüchtet eine krankgeschossene Sau in diese Vegetation und verendet dort, kann auch hier das Verhitzen durch die aufgestaute Wärme forciert werden.

Die Suhle

Manchmal nimmt ein krankgeschossenes Stück Schwarzwild einen Schilfgürtel oder eine Suhle an und schiebt sich dort ein. Der Schlamm, der oft wärmer als

Schnell noch ein Erinnerungsfoto aufnehmen, aber dann muss der Bock an diesem warmen Augusttag sofort versorgt werden.

die Umgebungstemperatur ist, sorgt dafür, dass die Körpertemperatur nicht absinkt und beschleunigt somit das Verhitzen. Weiteres Übel: Durch das Ein- und/oder Ausschussloch schwemmen Bodenbakterien ein und lassen sich über die Blutzirkulation in alle Körperregionen transportieren.

Der Super-Gau

Handelt es sich bei dem krankgeschossenen Stück Wild um ein schweres Stück, das keinen Ausschuss hat, eine unter Stress verursachte höhere Körpertemperatur aufweist und zudem starker Sonneneinstrahlung ausgeliefert ist, setzt nach dem Verenden das Verhitzen recht schnell ein. Nach gut zwei Stunden kann das Wildbret dann nur noch entsorgt werden.

Allerdings erlaubt diese Tatsache dem Schützen noch lange nicht, aufs Geratewohl nachzusetzen, ohne die vier Stunden abzuwarten. Vielmehr steht er in der Pflicht, sauber aufs Blatt zu halten und nicht dahinter. Besser der Treffer durch die Blattschaufeln und – je nach Wildart – ein paar Gramm oder Kilogramm Wildbret zu verlieren, als es vollständig wegwerfen zu müssen.

Weidewund-Treffer – Gift fürs Wildbret

Durchschlägt das Geschoss Pansen oder Magen oder das kleine Gescheide, dringen die Bakterien aus dem Magen- und Darmbereich in die aufgerissenen Blutgefäße der Bauchhöhle ein und werden durch den noch funktionierenden Kreislauf im gesamten Wildkörper ver-

Schwerstarbeit – bevor dieser Überläufer aufgebrochen wird, sollte er mit sauberem Wasser abgespritzt werden. Aber Achtung: Ein- oder Ausschusslöcher großzügig umspülen, sonst wird durch diese Öffnungen Dreck ins Innere getragen.

teilt. Selbst wenn das Stück schnell zur Strecke kommt, vermehren sich die Bakterien weiter – so lange bis Reh oder Sau in der Wildkammer unter die Körpertemperatur heruntergekühlt werden. Bei einem weidewund getroffenen Stück gilt: Klinge vor Wasser. Also möglichst viel Gescheide-Inhalt etc. großzügig herauskratzen oder herausschneiden. Verunreinigungen, die an der Ein- oder Ausschussöffnung sitzen, ebenfalls wegschärfen, hier kommt es auf ein paar Gramm mehr oder weniger nicht an.

Erst danach sollte man mit Wasser den noch anhaftenden Schweiß oder andere organische Rückstände wegspülen. Achtung: Dabei muss das Stück mit dem Haupt nach unten hängen, damit das Wasser über den Träger und nicht die wertvolleren Keulen ablaufen kann. Dann bitte nicht aus Angst vor nassen Schuhen mit dem Schlauch aus einem Meter Entfernung auf den Wildkörper zielen – der Wasserstrahl zischt dann auch mal außen über Decke oder Schwarte hinweg und transportiert auf diese Art und Weise Schmutz und andere Partikelchen von außen wieder mit hinein.

Es ist daher immer besser, das Wasser mit dem Schlauch und weich eingestelltem Sprühstrahl aus nächster Nähe von oben nach unten durchs Stück laufen zu lassen. Schnittflächen von zuvor Weggeschärftem oder andere geöffnete Gewebestrukturen dabei möglichst großzügig umgehen, sonst besteht wieder die Gefahr, dass sich Restkeime ihren Weg ins Wildbret bannen können.

Rotwild verhitzt schneller als Rehwild – deshalb den Hirsch mit vereinten Kräften sofort raus aus der Sonne in den Schatten ziehen und versorgen.

Unfallwild

In der Lebensmittelhygiene-Verordnung steht, dass Unfall- oder Fallwild nicht in den Verkehr gebracht werden darf. Suchen Sie in Ihrem eigenen Revier auf angefahrenes Wild nach und finden das Stück bereits verendet auf, dürfen Sie daher das Wildbret nicht an Dritte verkaufen. Selbstverständlich dürfen Sie es für den Eigenverbrauch nutzen, wobei eine amtliche Fleischuntersuchung dringend empfohlen wird. Auch der Luderplatz ist eine Alternative, dann kann man sich die Fleischuntersuchung sparen. Übrigens sind Greifvogelhalter oder Tiergärten manchmal dankbare Abnehmer.

Anders gestaltet sich der Fall, wenn das Stück noch nicht verendet ist und Sie ihm einen Fangschuss antragen oder es abfangen müssen. Dann ist eine Vermarktung – selbstverständlich nach amtlicher Fleischuntersuchung – noch möglich.

Eingegangenes Wild

Fallwild, das durch Krankheit eingegangen ist, ist unbedingt zu entsorgen. Nach unserer gegenwärtigen Rechtsprechung ist übrigens ausschließlich der Besitzer des Grundstücks beziehungsweise Straßenabschnitts zur Meldung verpflichtet – also nicht der Jagdpächter, Jagdaufseher oder Nachsuchenführer.

Das gefundene Stück abzuholen und zu entsorgen hat demnach die zuständige Körperschaft des öffentlichen Rechts als so genannte »beseitigungspflichtige Person« zu organisieren, zum Beispiel der Kreis, die Gemeinde, der Forstbetrieb, die Jagdgenossenschaft oder der Unternehmer, der von der Behörde für solche Fälle beauftragt wurde.

> **STRAFTAT**
> Das unzulässige Inverkehrbringen von Wildbret von nicht amtlich untersuchtem Unfallwild stellt eine Straftat dar. Fallwild muss von vornherein entsorgt werden.

Gefahr für den anschneidenden Hund

Achten Sie darauf, dass Ihr Hund das gefundene Stück möglichst nicht anschneidet. Neben Minderung der Wildbretqualität besteht für ihn selbst die Gefahr, dass er Bandwürmer aufnimmt, sich über rohes Wildbret mit Salmonellen infiziert oder gar bei Schwarzwild mit der Aujeszkyschen Krankheit ansteckt.

Lieber etwas übervorsichtig sein als zu entspannt, da sich solche Fälle in jüngerer Zeit gehäuft haben. Sobald das Wildschweinfleisch abgekocht ist, ist die Ansteckungsgefahr übrigens ausgeräumt. Das Fleisch kann deshalb gut als Hundefutter genutzt werden.

Vor wenigen Sekunden wurde der Frischling abgefangen. Die Hunde fassen zwar nur, aber auch dadurch kann die Aujeszkysche Krankheit übertragen werden.

Verantwortungsbewusst jagen

Chris hat mit inzwischen rund 15.000 Nachsuchen auf Reh- und Schwarzwild viel erlebt. Der Druck aufs Wild nimmt immer weiter zu, Stichworte Wolf, Wildschadenverhütung, ASP, Nachtsichttechnik und Freizeithunger. Was bedeutet das für die Jagd? Ein Fazit.

Moderne Technik

Bei der Jagdausrüstung hat sich in den letzten zehn Jahren viel getan. Lochschaft und Schalldämpfer gehören inzwischen zur Standardausrüstung. Bei der Wärmebild- und Nachtsichttechnik bahnt sich eine ähnliche Entwicklung an. Ganz klar, die Technik hilft dem Schützen dabei, besser zu treffen. Er sieht jetzt genau, wo bei der Sau vorne und hinten ist. Bei einer Bache sind sogar die Zitzen zu entdecken, wenn sie freisteht. Aber ist der Pflanzenbewuchs zu hoch, kann man nicht zu hundert Prozent sehen, ob es sich um ein führendes Stück handelt. Und die kleinen Frischlinge werden trotz feinster Wärmebildtechnik verdeckt.

Noch nie war jagen bei Nacht so einfach. Die neue Technik macht's möglich. Aber auch hier heißt die Devise: Zurückhalten! Sonst ist das Revier bald leer.

Natürlich ist die Afrikanische Schweinepest (ASP) auch bei uns ein Thema. Langfristig kann die Seuche vielen Berufsjägern die Stellung kosten. Doch bei aller Sorge um die ASP, sollten wir trotzdem nicht die waidgerechte Bejagung aus den Augen verlieren. Das heißt für mich: Erst den Frischlingsabschuss zu hundert Prozent erledigen, dann auf die Bachen konzentrieren.

In jeder Nacht draußen

Rückte man sonst nur bei Mond auf die Schwarzkittel raus, zieht es den Jäger jetzt in jeder Nacht ins Revier. Früher jagte man von der Kirrung aus, konnte die Waffe gut auflegen und bei der Distanz gab es keine Überraschungen. Heutzutage pirscht der Jäger umher, denn dank der Technik findet er aktiv zum Wild. Vom Zielstock das Stück anvisieren – passt schon! Dabei unterschätzt man oft die Entfernung. Bei der Wärmebildoptik kommt hinzu, dass Äste oder Sträucher nicht angezeigt werden. Sie haben jedoch Einfluss auf die Flugbahn des Geschosses. Im Eifer des Gefechts wird das gern vergessen.

Visiert man das Stück durch die Nachtsichtoptik an, ist der Bewuchs klar zu erkennen. Wenn man also schon mit der modernen Technik loszieht, sollte man sich den Satz »Wärmebild findet, Nachtsicht bindet« zu Herzen nehmen. Ganz klar, für den Jäger ist es eine tolle Sache. Doch das Wild kann sich immer weniger den Blicken entziehen. Es ist nicht mehr »heimlich« und bekommt nachts Druck rund um die Uhr. Wie immer kommt es auf den Mann oder die Frau hinter der Waffe an. Wer sich hier nicht zurückhält, schießt sein Revier schnell leer.

Der unbekannte Dritte ist ein alter Bekannter

Schnell leer wird das Revier auch, wenn der »Graue« umherstreift. Inzwischen fühlen sich Wolfsrudel fast

SELBSTVERSTÄNDLICH?

Wild wird erst beschossen, wenn es breit steht, das Haupt oben hat und das anvisierte Blatt nicht von der Vegetation verdeckt ist. Es steht völlig frei, das heißt: Andere Stücke werden nicht durch Geschoss-Splitter gefährdet. Vor der Schussabgabe versucht der Schütze, sich den eventuellen Anschuss zu merken, ein Baumstamm, ein Pfahl, dichter Bewuchs etc.

überall in Deutschland zu Hause. Was das für unser Wild bedeutet, ist klar. Zuerst packen sie das Rehwild, dann die Muffel und dann attackieren sie Rot- und Damwild und Sauen. Die schützen sich, indem sie meistens größere Rudel oder Rotten bilden. Das kann man übrigens auch immer häufiger auf Drückjagden beobachten, wenn das Wild die Schützen »zu Hauf« passiert. Es ist inzwischen in Schleswig-Holstein, Mecklenburg-Vorpommern und Niedersachsen normal geworden, dass man auch Wölfe im Treiben sieht. Kein Wunder, dass Hundeführer ein mulmiges Gefühl bekommen.

Wo der Wolf jagt, heißt es für den Jäger, sich noch stärker zurückzunehmen und die Wildbestände zu erhalten. Denn ob der Jäger ein Stück streckt oder der Wolf es greift, ist am Ende des Tages egal. Den Wildbestand kann man nur einmal abschöpfen. Das ist schnell passiert – und es dauert Jahre, wieder einen gesunden Wildbestand aufzubauen.

Wölfe sorgen für Stress und Panik in Ihrem Revier. Musste man sich früher mit Mountainbikern oder Joggern zu allen Nacht- und Tageszeiten herumplagen, kommt jetzt zu allem Übel der Wolf noch hinzu. Für uns Nachsuchenführer ist das ein Problem. Man muss inzwischen immer damit rechnen, dass sich der »Graue« ein krank geschossenes Stück greift und es verteidigt, wenn wir anrücken. Völlig klar: Der Wolf muss ins Jagdrecht aufgenommen und bejagt werden. Wenn es dann endlich soweit ist, wird es schwer genug, ihn vor die

Schnappschuss auf der Wildkamera: Der »Graue« sorgt für Unruhe und reduziert die Wildbestände.

BLEIFREI WIRKT ANDERS

In immer mehr Bundesländern gilt auch für den Kugelschuss: „Nur Bleifrei-Munition!" Das macht sich in punkto Nachsuchen bemerkbar. Generell ist die Fluchtentfernung eines mit Bleifrei-Munition beschossenen Stück Wildes bei einem Kammerschuss dreimal so lang wie mit herkömmlicher Blei-Munition. Daher sind viele Jäger verunsichert, wenn das Stück nicht nach 50, sondern erst nach 100–150 m liegt. Auch liefern viele Bleifrei-Geschosse nicht so viel Schweiß wie herkömmliche Geschosse am Anschuss bzw. im Wundfährten-Verlauf. So ist ein in der Dämmerung beschossenes Stück mit einem guten Treffer häufiger nicht aufzufinden. Natürlich – wer einen eingearbeiteten Hund hat, ist hier auf der sicheren Seite. Findet man das Stück Wild erst am darauffolgenden Morgen, muss hinter die Wildbretverwertung ein Fragezeichen gesetzt werden. Auch bei Weidewundschüssen sind die Fluchtstrecken mit Bleifrei-Munition mindestens doppelt so lang. Umso wichtiger ist es, jeden Anschuss mit einem Nachsuchenhund zu kontrollieren und die Fluchtfährte auszuarbeiten. Nicht zu früh aufgeben, sondern mit weiten Fluchtdistanzen rechnen!

Büchse zu bekommen. Er ist äußerst klug und lernfähig. Das wird noch ein hartes Stück Arbeit.

Der Druck wächst

Die Jagd hat sich im Laufe der letzten Jahrzehnte stark verändert. Wald vor Wild, Verbiss, Profit, Wildschaden, Schweinepest, um nur einige Schlagworte zu nennen. Dem Rehwild, neudeutsch Wald-Verbeißer, wird sehr viel mehr als früher zugesetzt. So ist es auch nicht weiter erstaunlich, dass auf Bewegungs- oder Drückjagden, die ursprünglich dem Schwarzwild galten, weibliche Stücke und Kitze freigegeben werden. Natürlich immer verbunden mit dem Hinweis, »nur auf stehendes, verhoffendes Rehwild zu schießen«. Dass sich daran nicht gehalten wird, ist eindeutig, denn die Rehwild-Nachsuchen mit Lauf- und Keulentreffern und Schüssen auf den Spiegel steigen in der Drückjagdsaison rapide an. Indiz dafür, dass die Vorgabe nicht ernst genommen wird, sondern die Gäste stattdessen fleißig mitschwingen und abdrücken. Die Böcke sind in den meisten Bundesländern ab 16. Oktober zu – Glück fürs Rehwild also, sonst würde man es auf den dann stattfindenden Drückjagden gar nicht mehr ansprechen.

Weite Schüsse

Auch hat besonders das Rehwild »auszubaden«, dass es auf immer weitere Distanzen beschossen wird. Es wechselt oft noch bei gutem Licht aus und suggeriert so manchem Jäger, selbst wenn das Stück Wild weiter entfernt steht, für ihn in jagdbarer Reichweite zu sein. Dank mo-

Fernglas und »normales« Zielfernrohr sind von gestern. Nachtsichtgeräte machen das Jagen einfacher.

derner Waffen, die in immer rasanteren Kalibern gefertigt werden und hochvergrößernden Zieloptiken mit Absehenschnellverstellung und ballistischen Absehen ist so manch einer versucht, etwas zu riskieren. 200 Meter Distanz vom Hochsitz zum Reh in der Wiese, muss doch klappen, mit der Ausrüstung! Das Zielfernrohr auf 20-fach gedreht, Drei-Punkt-Auflage, der Rest ist ein Kinderspiel. Klar, wer es kann, bitte schön. Falls die Kugel einmal nicht dorthin trifft, wo sie eigentlich sollte und das Stück Rehwild abspringt, viel Spaß beim Suchen des Anschusses.

Diejenigen, die »experimentieren« und ihre Schießfertigkeiten mit diesem Schuss schlichtweg überschätzen, sollten lieber den Finger gerade lassen und warten, bis das Stück auf die Distanz heranzieht, auf die man zuverlässig gut trifft.

Jagdliche Tugenden ins Bewusstsein rücken

Es sollte für den Schützen weniger die Herausforderung sein, auf große Entfernung auf ein Stück Rehwild zu zielen. Vielmehr sollte er sich fragen, wie er auf eine für ihn optimale Schussentfernung an das Stück Wild herankommt. Einen Plan schmieden, pirschen, vorausahnen, wo das Stück hinziehen wird, es überlisten – statt sich zu brüsten auf wie viel Meter man snipermäßig etwas geschossen hat. Es ist schon merkwürdig – geht die Kugel auf die weite Distanz vorbei oder wird das Stück gar krankgeschossen, fallen die Erzählungen darüber recht schmallippig aus.

Unsere jagdlichen Tugenden sollten wieder stärker in unser Bewusstsein rücken, trotz aller modernen Errungenschaften, die auch wir auf der Jagd nicht missen möchten. Dabei spielt auch die Geduld eine entscheidende Rolle. Das Abwarten, bis das Wild richtig breit und frei steht, ist schon für den einen oder anderen eine echte Herausforderung.

ACHTUNG
Im Frühjahr, wenn die Vegetation noch nicht so hoch ist, sind die Treffer meist tief. Im Sommer, wenn Gräser und Felder höher stehen, sind Tiefschüsse seltener. Der Schütze neigt dann zum Hochschuss.

Alte Rehböcke sind rar

Wem ist es noch vergönnt, einen reifen, alten Bock zu strecken? Ist es der böse Nachbar, dem man den Erntebock nicht gönnen will? Ist es die Politik? Oder liegt es doch an einem selbst, dass wir einfach nicht mehr warten können? Wurden wir in den vergangenen 15 Jahren zu Rehbock-Nachsuchen gerufen, standen wir selten vor einem vier-, fünf-, sechs- oder gar siebenjährigen Bock. Aber vielleicht fallen diese reifen Böcke tatsächlich auch nie auf der Nachsuche.

Sicher spielt bei der »Rehwildhege« auch eine Rolle, dass die Abschusspläne wegen des Verbisses erhöht werden. Die Politik vieler Staatsforsten zieht an. So manche Försterei verliert dabei das Wild und die Hege komplett aus den Augen, und die Wohlfahrtsleistung für die Allgemeinheit rückt in den Hintergrund.

Schwarzwild ohne Rechte

Noch schlimmer als unser Rehwild sind allerdings die Sauen dran. Auf sie wird ganzjährig Dampf gemacht, Bachen genießen kaum oder weniger Schonzeitregelungen als Fähen. Wie hat jemand mal so treffend gesagt: »Wenn das Schwarzwild nicht so clever wäre, hätte man es schon längst ausgerottet.« Leider gießt unsere Jagdpresse regelmäßig Öl ins Feuer und heizt den Verfolgungswahn auf die Sauen immer weiter an. Und noch ein Problem: Je weniger Wild in einem Revier vorkommt, umso großzügiger ist man mit der Freigabe, das gilt besonders für die Drückjagd-Saison. Schließlich will man ja auch Strecke machen und mit den Nachbarn mithalten.

Es ist schon seltsam – einerseits freut man sich über Schwarzwild in seinem Revier, schließlich will man ja auch Anblick und Waidmannsheil haben. Andererseits wird es verteufelt, wenn es in die Wiesen geht und die Raps- und Maisschläge den schwer bewachten Kirrungen vorzieht.

Keine Zeit verlieren

Häufig wird auch gar nicht abgewartet, was da eigentlich genau auf die Stoppel wechselt oder in den Wildacker ziehen will. Das größte Stück steht merkwürdigerweise immer breit, und schon ist der Schuss raus. So ist es dann auch nicht verwunderlich, wenn manch Jäger eine Bache mit angezogenen Strichen vorfindet. Die Hast bei der Jagd nimmt zu. Übereifrig wird das erste Stück beschossen, statt anzusprechen. Hauptsache Sau tot – was für eine? Ach, ist doch nicht so wichtig.

Bachen und Frösche

So manche Leitbache fällt während der Ernte beim Dreschen oder Maishäckseln, Ansitz oder der Drückjagd. Dabei sind sie es, die die Rauschzeit einläuten und damit auch die Frischzeit (Rauschsynchronisation) – werden sie rauschig, sind es kurz darauf die jüngeren Bachen auch. Fehlt die Leitbache, gerät die Rottenstruktur durcheinander.

Die Drückjagden sollten in den Herbst gelegt werden.

Doch nicht nur die Bachen haben es in der heutigen Zeit schwer. Die Kinderstube, wie beispielsweise (noch) für die Kitze, ist bei den Sauen längst nicht mehr heilig, »Frösche« mit Streifen werden inzwischen geschossen – Stichwort Schweinepest. Ein Freifahrtsschein! Wildbretverwertung? Fehlanzeige, lohnt doch nicht bei einem 15-Kilo-Frischling, schließlich müsste er noch auf Trichinen untersucht werden, und das kostet paar Euro.

Pardonieren – was ist das?

Bei der Bejagung der Keiler sieht es eigentlich genauso trostlos aus. Im Jagdjahr 2009/2010 wurden beispielsweise in Mecklenburg-Vorpommern exakt 57.843 Stück Schwarzwild geschossen. Wie viele Goldmedaillen-Keiler, schätzen Sie, waren darunter? Zehn? Fünf? Falsch, kein einziger. Diese Zahlen verdeutlichen, dass hier etwas nicht stimmt. Es wird viel zu früh von der Jägerschaft eingegriffen – selbstverständlich ist es wichtig, in der Überläuferklasse Strecke zu machen, aber um jeden Preis? Warum nicht mal einen jüngeren Keiler pardonieren also ziehen lassen, selbst wenn er vielleicht schon drei oder gar vier ist?

Sogar in schneereichen Wintern wird gejagt

Die vergangenen Winter mit dem hohen Schnee hatten es in sich, und es verwundert doch immer wieder, dass mancherorts ohne Rücksicht weiter gejagt wurde. Dabei kostet es das Wild viel Kraft, durch den Schnee zu flüchten und so ist es auch kein Wunder, dass es auf Drückjagden schnell erschöpft ist – solch eine Jagd hat nicht mehr viel mit Waidgerechtigkeit zu tun.

Apropos Waidgerechtigkeit: Unsere Altvorderen hatten das ungeschriebene Gesetz aufgestellt: »Ab Mitte Januar gibt es keine Drückjagd mehr.« Sie wussten warum: Die Bachen sind tragend, manche haben ihre Frischlinge im Kessel liegen. Das war, trotz aller Diskussionen um Reproduktionsrate und Fraßangebot, schon vor 30 Jahren so.

Kommt dann die johlende Treiberwehr angestürmt, gibt die Bache irgendwann den Kessel auf, je älter sie ist, umso länger hält sie aus. Hunde stürmen die Kinderstube, die Frösche spritzen auseinander – und erfrieren, wenn sie nicht zuvor von den Hunden gegriffen werden. Die Bache legt derweil Kilometer zurück, raus aus dem Hexenkessel, wird, wenn sie Glück hat, nicht geschossen und kehrt irgendwann wieder zurück. Was sie dort findet, möchten wir hier nicht weiter ausmalen.

Ruhe in der kalten Jahreszeit – wen interessiert's?

Eine Drück-, Bewegungs- oder Ansitzjagd jagt die nächste und es wird leider bis Ende Januar in vielen Revieren noch einmal richtig Gas gegeben. Bei manchen tragenden Bachen setzen durch die Flucht vor Hunden und Trei-

Bei der Einzeljagd im November erlegt, die nicht führende Ricke.

STÜCK LIEGT NICHT – UND NUN?

Oft entscheidet das Verhalten des Schützen nach dem Schuss – wenn das Stück nicht am Anschuss liegt – über den Ausgang der Nachsuche. Leider verhält sich so mancher Schütze falsch. Deshalb hier noch einmal die richtige Vorgehensweise:

1. Eine Viertelstunde nach dem Schuss leise zum Anschuss gehen.

2. Bei Lungenschweiß die Fluchtfährte ausgehen, das verendet aufgefundene Stück Wild versorgen.

3. Findet man keinen Lungenschweiß, Anschuss markieren, dabei keinen Lärm machen und eventuelle Pirschzeichen einsammeln. Achtung: Nicht auf dem Anschuss herumtrampeln.

4. Findet man den Anschuss nicht, einfach die ungefähre Position markieren.

5. Leise zum Auto zurückgehen und dann den Nachsuchenführer anrufen, Treffpunkt und Zeit vereinbaren. Beim Treffen die eingesammelten Pirschzeichen zeigen.

Der Schütze sollte immer etwas dabei haben, um den Anschuss zu markieren.

bern oder die Beunruhigung durch abgestellte Schützen die Wehen zu früh ein. Wir haben es im Winter 2008 und 2009 öfter erlebt, dass wir in der Fluchtfährte Föten gefunden haben. Wollen wir wirklich so jagen?

Kurz noch ein paar Fakten zur Situation unseres Rehwilds im Winter: Es stellt in der kalten Jahreszeit seinen Biorhythmus konsequent auf Winterbetrieb um, versucht so wenig Energie wie möglich zu verbrauchen – Rehwild benötigt im Winter also vor allem eines: Ruhe.

Das scheint jedoch ebenfalls viele Jagdleiter nicht zu interessieren, schließlich kann man doch noch schnell den weiblichen Abschuss – in manchen Bundesländern geht die Jagdzeit bis 31. Januar – mit Hilfe einer Drück- oder Bewegungsjagd regulieren. Und sowieso: Wenn man eh auf Sauen jagt, die Treiber, Hunde und Schützen organisiert sind, kann man das Rehwild doch gleich mit bejagen. Dass aber das Interesse für Reh-Wildbret direkt vor der Weihnachtszeit am größten ist und man es im Januar mehr schlecht als recht noch an den Mann

UMDENKEN ERLAUBT!

Schon in Jungjägerkursen wird uns gelehrt, hinter statt direkt auf das Blatt zu schießen. So ist es auch nicht weiter erstaunlich, dass auf unseren 100-Meter-DJV-Schießscheiben bei Rehbock, Überläufer und Gams die »10« konsequent hinter dem Blatt eingezeichnet ist.

Optimal wäre es, wenn man die Trefferzone so verschieben würde, dass die »10« stets voll auf und nicht neben der Blattschaufel platziert ist – in unseren Augen ist das der wirksamste Treffer und verdient deshalb die Höchstpunktzahl. Und die Jägerschaft löst sich endlich von dem »Gezirkel« hinter das Blatt und wendet den Treffer an, der das Stück auf den Anschuss bannt. Das spart Nerven und die eine oder andere Nachsuche.

oder die Frau bringen kann und die Wildbretpreise im Keller liegen, scheint ebenfalls nicht zu stören. Deshalb: Hausaufgaben machen und den weiblichen Rehwildabschuss spätestens bis zum Jahresende in den Griff bekommen. Die immer wiederkehrende Diskussion um die Jagdzeitverlängerung spiegelt übrigens aus den eben geschilderten Gründen eine völlige Unkenntnis der Rehwild-Biologie wieder.

Verantwortungsvolle Jagdleiter sind gefragt

Die letzte Drückjagd sollte bis zum 15. Januar stattgefunden haben. Spürt der Revierinhaber jedoch kurz vor diesem Termin »Gestreifte« im Revier, sollte er die Drückjagd absagen, egal, was seine Gäste davon halten. Die meisten werden Verständnis haben. Auch unser Schwarzwild hat schließlich Rechte.

Fazit: Früh mit den Bewegungsjagden beginnen, am besten im Oktober, auch wenn der Wald noch dicht belaubt ist – man das Wild daher oft erst spät anwechseln sieht – und die Frischlinge drei Kilogramm weniger auf den Rippen haben. Dafür ist das Risiko im Oktober geringer, dass Bachen »hochtragend« sind. Und auch »Gestreifte« gibt es seltener im Oktober als ab Mitte Januar. Und noch ein Vorteil der frühen Drückjagd: Die Rehe haben genügend Reserven, weil sie noch nicht auf Wintermodus umgestellt haben.

Die Kaliberdiskussion

Noch kurz etwas zu den Kalibern, hier gilt: Lieber zu stark, als zu schwach. Sicher, der Nachsuchenhund wird auf der Gesundfährte eingearbeitet, da spielt Schweiß eher eine untergeordnete Rolle. Trotzdem entscheidet oft das Kaliber über Erfolg oder Misserfolg der Nachsuche. Die Wirkung einer .300 Win.Mag, der 9,3 x 62 oder 8 x 57 IS ist eben anders als die einer 7 x 57 – bei ihr findet man bei starken Sauen wenig Schnitthaar, so gut wie keinen Schweiß und wenig bis gar keine Pirschzeichen.

Je stärker das Kaliber, umso höher ist die Wahrscheinlichkeit für das Gespann, das angeschweißte Stück zu finden. Wenn es zur Drückjagd geht, ist es also immer besser, »eine Nummer größer« dabei zu haben, weil das getriebene Wild vollgepumpt ist mit Adrenalin und daher mehr einsteckt als auf der Einzeljagd. Besonders bei Hochwild gilt das Motto: »Viel hilft viel.«

Wer Probleme mit einem stärkeren Kaliber hat, sollte lieber öfter auf den Schießstand gehen und den sauberen Treffer dort üben. Oder, wenn er im Revier nur die kleine, schwächere Pille dabei hat, den Lebenskeiler durchwinken. Aber das fällt natürlich schwer.

Getriebenes Damwild ist schusshart, doch in dieser Situation bleibt die Waffe sowieso unten. »Nur schießen, wenn das Damwild verhofft!«, hatte der Jagdleiter seine Gäste gebeten. Schön, wenn sie sich daran halten.

Stichwortverzeichnis

A
Abfangen 34, 73, 77
Abfangmesser 108
Ablegen 27, 34
Abrufen 33, 34
Ahnentafel 18
Akkus 96
Alpenländische Dachsbracke 15
anfliehen 69
anschweißen 36
Anschießen 7
anschneiden 127
Anschuss 7, 8, 26, 136
Anschuss-Begutachtung 42
Anschuss markieren 26, 136
Anschussuntersuchung 34
Ansetzen 34
Ansitz 60
Anti-Beschlag-Spray 107
An- und Ableinen 27
Apport 22
Artus 94
Äserschuss 53
Ast 84
A-Stahlschrank 114
Äsungsbrei 70
Atemnot 87
Aufsichtsbereich 115
Augenlid 85
Aujeszkysche Krankheit 127
Aus 33
Ausbildungsstand 30
Ausflüge 19, 20
Ausgehen 34
Ausrüstung 6, 93
Ausschuss 122
Auto 26, 27

B
Bäche 61
Bachen 133
Bayerischer Gebirgsschweißhund 15, 18
Befriedete Bezirke 117
Behang 88
bei Fuß 27
Beihund 74
Beißerei 24
Belohnung 22, 37
Beute 24, 25
Beute abgeben 33
Beute auslegen 30
Beutestücke 23
Bewegungsjagd 7
Bewuchs 81
BGS 18
Biogasanlage 14
Bissverletzung 85
Blaser R 93 105
Blatt 137
Bleib 27
Bodentemperatur 41
Botenstoffe 40
Box 26
Brillenträger 107
Brustraum 74
Bügelgehörschutz Ear Flexi Cap 107
Bundesländer 116, 117
Bundesstraße 36

C
Caps 109

D
Dämmerung 62
Damwild 12
Decke 30
Desert Eagle 103
Dolmar 101
Dornenverhau 20
Down 33, 34
Drei-Punkt-Auflage 130
Drückjagd 60
Drüsen 40
Duftspur 22, 32
Dunkelheit 46, 61
Dunstkreis 31
Durchgehschützen 107

E
Eingeweide 86
Entdeckerfreuden 24
Ersatzkleidung 103
Ersatz-Nachsuchenführer 84
Erste-Hilfe-Set 84, 90, 91

F
Fährte 31, 32
Fährtenbild 47
Fährten-Kreuzung 32
Fährtenschuh 23, 30, 31, 41
Fallwild 127
Fang 33
Fangschuss 34, 46, 73, 76, 81, 103, 104, 113, 116
Fangschussdistanz 77
Federn 70
Fehlsuche 15
Feist 70
Felder 43
Feldkoppelgürtel 103
Fett 123

Fleischuntersuchung 127
Flucht 60
Fluchtgeschwindigkeit 52
Fördermitglieder 14
Frösche 133
Frühjahr 41
Fuchsspuren 47
Führleine 96
Funkkontakt 109
Futterrationen 18
Futterschleppe 20, 22, 23

G
Gebrechschuss 61, 65, 77, 78
Geduld 121
Gehörschutz 107
Geländebeschaffenheit 30
Genickfang 74
Genossen machen 26, 34
Geruchsbild 41
Geruchsintensität 41
Gescheide 55
Gescheideresten 40
Geschossdurchmesser 6
Geschosse 6
Gesetze 111
Gespann 9, 93
Gestrüpp 101
Gestrüppstreifen 20
Gesundfährte 44
Gewehrriemen 106
Gore-tex 100
GPS-Gerät 23, 96
GPS-Halsband 95
Grenze 116, 117
Grenzstein 115
Gummihose 101
Gummistiefel 102
Gürtel 103

H
Haftung 112
Halsung 95, 96
Handschuhe 74, 101
Handy 109
Handynummer 114
hängen 126
Hannoverscher Schweißhund 15, 18
Hatari Gewehrriemen 106
Helm 109
Herbst 46
Herumtollen 19
Herzfrequenz 89
Hetze 33, 36
Hinterlauf 54
Hitze 42
Hitzschlag 86, 89
hochflüchtig 53
Hochleistungswaffen 6
Hochsitz 25
Holzschaft 105
Hose 100
HS 18
Hund, alter 26
Hundebox 19, 27
Hundedecken 97
Hundeführer 18, 90
Hundekörbchen 19
Hunde ohne Papiere 18
Hundeverletzungen 83
Hundeversicherung 113

I
Immobilität 63
In-die-Hocke-gehen 20
Iron Tech-Hose von HART 101

J
Jacke 100
Jagderfolg 6
Jagdgebrauchshundeverband 18
Jagdleiter 135
Jagdruhe 134

K
Kälberfang 74
Kaliber 6, 105
Kaliberdiskussion 136
Kieferknochen 53
Kimme und Korn 105
Kinder 27
Kleidung 99
Klinge 74, 108
Knochen 65
Knochensplitter 54, 66, 87
Kofferraum 26
Komm 27
Kompressen 89
Kontrollsuche 15
Kopfbedeckung 108
Körpertemperatur 125
Krellschuss 57, 70, 77, 78
Kunstfährte 30, 31, 32, 33, 34
Kunststoffmaterial 94
Kurzwaffe 103, 114
Kurzwaffenkaliber 103

L
Landesjagdgesetz 115, 117
Landesrecht 117
Langwaffen 114
Latzhose 100
Lauf 54
Laufschuss 54, 66, 67
Laut 77
Leberschuss 54, 68
Lecker 53, 65
Leckerchen 20, 23, 25
Leinenführigkeit 25, 27
Leuchtpunkt 105
loben 34
Lösen 19
Loshund 71, 74, 95, 96
Lufttemperatur 41
Lungenschuss 56, 69

M

Magen 87
Magendrehung 19, 87
Magnumpatronen 6
Mais 79, 80, 85, 124
Maisschlag 42
Mikut 95
Milchsäure 121
minderwertig 120
Mobilnummer 95
Mobiltelefon 109
Mond 45
Motorsägen-Handschuhe 101
Mucken 6
Muskulatur 122

N

Nachsuchen 12, 42, 49, 59
Nachsuchenarbeit 8, 29, 36, 45
Nachsuchenbüchse 104, 105
Nachsuchenführer 8, 15, 23, 80, 112
Nachsuchenführer, anerkannter 117
Nachsuchen-Gebühr 15
Nachsuchengeschirr 94
Nachsuchenprofis 7
Nachsuchenstatistik 12
Nachtsichtgerät 132
Nase 20
Nasenleistung 20
Nasenschwamm 85
Nasse Böden 44
Nebelschwaden 46
Netzhaut-Ablösung 88
Neue 47
Neugier 26
Neuschnee 47
Niggeloh 96

O

Offene Wunde 88

P

Pansen 54
Panseninhalt 40, 55
Pardonieren 133
Pfanner-Nachsuchenhose 101
Pirschzeichen 7, 40, 62, 136
Profi 70
Profi-Gespann 45

R

Raps 79, 80, 81, 124
Rauschsynchronisation 133
Regeln 45
Regen 44, 101
Rehbock 74
Rehwild 12, 22, 49, 50, 51, 74
Rehwild abfangen 74
Rehwildabschuss 135
Rehwild-Nachsuchen 130
Rehwildverleitung 22
Reifung 121
Reizangel 24, 33
Reproduktionsrate 14
Rettungswärmedecke 89
Riemenbügel 106
Rinderblut 30
Risswunden 88
Röhrenknochen 54, 66
Rotte 61
Rotwild 12
Rucksack-Gewehrriemen 107
Ruhe bewahren 74
Ruhezone 19

S

Salmonellen 127
Sauer 106
Sau, kranke 81
Saufänger 108
Schadensersatz 113
Schaleneingriffe 64
Schalenwild 113
Schalldämpfer 6, 25, 32, 64, 107, 108, 114
Schießen 52
Schießfertigkeiten 9, 130
Schießkino 7, 105
Schießstand 32, 105
Schilfränder 61
Schleppe 20, 21, 22
Schnallen 50, 57
Schnee 47
Schnitthaar 57, 70
Schock 89
Schonzeitvergehen 113
Schrot 113
Schuss 32
Schussfestigkeit 25, 32
schusshitzig 25
Schussknall 25
Schutzbrille 107
Schutzweste 95
Schwarte 30, 123
Schwarzdorn 101
Schwarzwild 12, 13, 59
Schwarzzucht 18
Schweinepest 133
Schweiß 40, 47, 54, 71
Schweiß, blasiger 56, 69
Schweiß, dunkler 54, 55, 68
Schweiß, heller 54, 66
Schweiß, wenig 57, 70
Schweißhalsung 25
Schweißhund 15
Schweißhundführer 12, 112
Schweißhund-Lederhalsung 95
Schweißhundstation 12, 14, 116
Schweißhundstation Kreis Herzogtum Lauenburg 14
Schweißriemen 26, 31, 94
Schwierigkeitsgrad 23, 53, 64
Sicherheit 36
Sicherheitsstufe B 114

Signalband 108
Signalfarben 99, 109
Signalhalsung 95, 113, 114
Sitz 27
Sonnenstich 89
Soonwald 100
Spezialisierung 29
Stahlschrank 114
Standlaut 81
Statistik 12, 13
Stichverletzung 89
Straftat 127
Streifen 133
Stress 122
Stresspartikelchen 40
Stubendressur 27
Stück liegt nicht 136
Suchengeschirr 94
Südwester 109
Suhle 124
Synthetikschaft 105, 106

T

Teller 63
Tetanus 89
Tierarzt 84, 86, 87, 89
Tierschutz 7, 12, 15, 74
Todesflucht 34
Totsuche 26, 34
Totsuche, erste 26
Transportbox 115
Trefferzone 137
Trekkingstiefel 102
Triller 33, 34
Trockenheit 42
Tusker Cloth System 108

U

üben 24
Übergänge 43
Übernachtfährte 32
Unfallwild 127

V

Verantwortungsbewusst Jagen 7, 129
Verbandsprüfungen 18
Vereinbarungen 111
verendete Stück 34
Verhalten des Schützen 8
Verhitzen 121, 125
Verkehrswert 113
Verleitung 32
Verletzungen 83
Visierung 105
Vollmond 45
Vorderlauf 54
Vorderlauftreffer 78
Vorschriften 111
Vorsuchen 51

W

Waffen 115
Waffenaufbewahrung 114
Waffenkoffer 115
Waffenschrank 114
Waffentransport 115
Waidblatt 74
Waidgerechtigkeit 7, 12
Waidmesser 74
Wärmebildgerät 8, 60, 62
Wärmebildtechnik 6
Wärmedecke 97
Wärmestau 121
Wasser 126
Wasserläufe 61
Wechselkleidung 99
Weidewund 121
Weidewundschuss 55, 70
Weidewund-Treffer 78, 125
Weite Schüsse 130
Welpen 18, 19, 21, 25, 26
Welpenausflüge 19
Welpeneinarbeitung 17
Welpentasche 23
Wertverlust 113
Wetter 41, 122
Widergänge 60
Widerstandsgrad 0 114
Wiederbeschaffungswert 113
Wildbret 67, 120, 125
Wildbretfetzen 54, 66
Wildbretqualität 120, 127
Wildbretschuss 67
Wildbrettreffer 45
Wildbretverwertung 12, 63, 119, 122
Wildfolge 115
Wildfolgevereinbarung 117
Wildkontakt 24
Wildpansen 20
wildscharf 53, 57, 65, 71
Wind 44, 81
Wind prüfen 76
Winterdecke 123
Winterhose 101
Wittrung 21, 30, 40, 41, 44, 46, 68
Wolf 40,47, 83, 109
Wunde, offen 88
Wundfährte 15, 39, 40, 43, 46, 47
Wundfieber 8, 121
Wundkessel 60, 66, 67

Z

Zähne 53, 65
Zieloptik 105
zugriffsbereit 115
Zurückfährten 23
Zuverlässigkeit 114
Zwiebelschalenprinzip 99

Literaturhinweise

Baatz, Manfred, Maria: Hundeausbildung für die Jagd (BLV Buchverlag)

Fichtlmeier: Grunderziehung für Welpen (Kosmos Verlag)

Fichtlmeier, Numßen: Die Prägung des Jagdhundwelpen (Kosmos Verlag)

Hespeler, Bruno: Erfolgreich jagen (BLV Buchverlag)

Hespeler, Bruno: Schwarzwild heute (BLV Buchverlag)

Hespeler, Bruno: Vor und nach dem Schuss (BLV Buchverlag)

Tabel, Carl: Der Jagdgebrauchshund (BLV Buchverlag)

Weidinger, Heinrich: Der waidgerechte Büchsenschuss (BLV Buchverlag)

Über die Autoren

Julia Numßen, Jahrgang 1968, ist in Schleswig-Holstein aufgewachsen und geht seit ihrem 16. Lebensjahr auf die Jagd. Die gelernte Fotografin und Redakteurin hat viele Jahre für eine der renommiertesten deutschen Jagdzeitschriften gearbeitet. Den Schweißhundführer Chris Balke hat sie über zehn Jahre lang während seiner Arbeit auf der Wundfährte mit ihrer Kamera begleitet. Julia Numßen ist verheiratet, hat zwei Kinder und lebt im baden-württembergischen Allgäu.

Chris Balke, Jahrgang 1974, ist der einzige hauptberuflich angestellte Schweißhundführer Deutschlands. Der Berufsjäger leitet seit 1996 die Schweißhundstation im Kreis Herzogtum Lauenburg in Schleswig-Holstein. Er führt derzeit Hannoversche Schweißhunde, Bayerische Gebirgsschweißhunde und Deutsch-Drahthaar, absolviert mit ihnen über 400 Nachsuchen im Jahr auf Reh-, Schwarz- und Rotwild. Der gebürtige Thüringer ist der Experte auf der Wundfährte schlechthin. Seinen Namen hat er sich nicht nur durch seine erstklassige Nachsuchenarbeit gemacht, er ist auch ein großer Anhänger klarer Worte. Er geht seit seinem 16. Lebensjahr zur Jagd und hat bisher 80 Hunde geführt. Chris Balke wohnt im Kreis Herzogtum Lauenburg.

Impressum

BLV ist eine eingetragene Marke der
GRÄFE UND UNZER VERLAG GmbH, www.blv.de

ISBN 978-3-8354-1682-6

4. Auflage 2024

Lektorat: Gerhard Seilmeier
Herstellung: Ruth Bost, Gloria Schlayer
Umschlagkonzeption und -gestaltung: BLV-Verlag
Satz: Anton Walter, Gundelfingen
Repro: Repro Ludwig, Zell am See
Druck und Bindung: Firmengruppe APPL, aprinta druck, Wemding

Ein Unternehmen der
GANSKE VERLAGSGRUPPE

Bildnachweis

Christian Dohr, Teresa Michalewski, Friedrich Fülscher Seite 10, 11, 85; **Veterinär Universität Gießen** Seite 88 (3); **Chris Balke** Seite 86 (3), Seite 97 (rechts) und Seite 131. Alle übrigen Fotos von **Julia Numßen**.

Grafiken:
Seite 53–71 aus Pirsch Serie »Pirschzeichen«.

Wichtiger Hinweis

Das vorliegende Buch wurde sorgfältig erarbeitet. Dennoch erfolgen alle Angaben ohne Gewähr. Weder Autor noch Verlag können für eventuelle Nachteile oder Schäden, die aus den im Buch vorgestellten Informationen resultieren, eine Haftung übernehmen.

Liebe Leserin und lieber Leser,
wir freuen uns, dass Sie sich für ein BLV-Buch entschieden haben. Mit Ihrem Kauf setzen Sie auf die Qualität, Kompetenz und Aktualität unserer Bücher. Dafür sagen wir Danke! Ihre Meinung ist uns wichtig, daher senden Sie uns bitte Ihre Anregungen, Kritik oder Lob zu unseren Büchern. Haben Sie Fragen oder benötigen Sie weiteren Rat zum Thema?
Wir freuen uns auf Ihre Nachricht!

GRÄFE UND UNZER Verlag
Grillparzerstraße 12
81675 München
www.graefe-und-unzer.de